FORSCHUNGSBERICHTE DES LANDES NORDRHEIN-WESTFALEN

Nr. 2470

Herausgegeben im Auftrage des Ministerpräsidenten Heinz Kühn
vom Minister für Wissenschaft und Forschung Johannes Rau

G. K. Bragard
R. J. Nessel
Lehrstuhl A für Mathematik der Rhein. -Westf. Techn. Hochschule Aachen

Teilbarkeitssätze in Banach-Algebren mit Anwendungen auf lineare Approximationsprozesse

M. Becker
R. J. Nessel

Iteration von Operatoren und Saturation in lokal konvexen Räumen

Westdeutscher Verlag 1975

Gesamtherstellung: Westdeutscher Verlag

ISBN-13: 978-3-531-02470-7 e-ISBN-13: 978-3-322-88174-8
DOI: 10.1007/978-3-322-88174-8

G. K. Bragard
R. J. Nessel

Teilbarkeitssätze in Banach-Algebren mit Anwendungen auf lineare Approximationsprozesse

Inhalt

1. Einleitung

In der Approximationstheorie spielen naturgemäß solche Familien von linearen Operatoren eine große Rolle, die sich durch Glättung aus dem zu approximierenden Element ergeben. Als Beispiel hierzu sollen Operatoren vom Fourierschen Faltungstyp näher betrachtet werden.

Sei $\mathbb{R}^n$ der n-dimensionale Euklidische Raum mit Elementen $u=(u_1,u_2,..,u_n)$, v, x und skalarem Produkt $uv := \sum_{k=1}^{n} u_k\, v_k$. Mit $L^p = L^p(\mathbb{R}^n)$, $1\leq p<\infty$, wird die Menge der komplexwertigen, meßbaren Funktionen f auf $\mathbb{R}^n$ bezeichnet, für die die Norm

$$(1.1) \qquad \|f\|_p := [\int_{\mathbb{R}^n} |f(x)|^p\, dx]^{1/p}$$

endlich ist, und mit $B = B(\mathbb{R}^n)$ die Menge der beschränkten Borel-Maße μ des $\mathbb{R}^n$ mit Norm

$$(1.2) \qquad \|d\mu\|_B := \int_{\mathbb{R}^n} |d\mu|.$$

In L^p wird dann eine wichtige Klasse von linearen Approximationsprozessen für die Elemente f durch die Faltung

$$(1.3) \qquad f * d\mu_t(x) := \int_{\mathbb{R}^n} f(x-u)\,d\mu_t(u)$$

von f mit einer für $t\to 0+$ approximierenden Identität $\{\mu_t\}_{t>0} \subset B$ gegeben. Klassisches Hilfsmittel bei der Behandlung approximationstheoretischer Probleme bildet hierbei die Fourier-

Transformation, die das Faltungsprodukt (1.3) in das punktweise Produkt stetiger Funktionen überführt. Das Approximationsverhalten dieser Prozesse wird dann beherrscht durch eine detaillierte Diskussion des Kerns $\{\mu_t\}$ bzw. seiner Transformierten. Hierbei kommt der Tatsache, daß L^1 bzw. B Banach-Algebren bilden, eine entscheidende Bedeutung zu.

Entsprechend dieser Struktur liegt es nahe, auf dieses Kapitel der Approximationstheorie vom abstrakten Standpunkt der Theorie der Banach-Algebren zu schauen, zumal methodisch die Gelfand-Transformation in Erweiterung zu den klassischen Integraltransformationen zur Verfügung steht.

Diese Arbeit beschäftigt sich mit Vergleichssätzen, wie sie im klassischen Fourier-Faltungsrahmen (1.3) von Shapiro [15] aufgestellt wurden (siehe auch [3, p. 495] bzw. für die Erweiterung auf homogene Banach-Räume [16]). Nachdem die globalen Ergebnisse schon in den abstrakten Rahmen von Banach-Räumen mit Orthogonalzerlegung gestellt werden konnten (vgl.[4], [5]), sollen hier die lokalen Resultate in den allgemeinen Rahmen von Teilbarkeitssätzen in Banach-Algebren gestellt werden. Hierdurch sollen die zugrunde liegenden Strukturen hervorgehoben werden, die sich insbesondere auch beweismethodisch in der Benutzung von Wiener-Typ-Lemmata und von Neumann-Reihen-Argumenten widerspiegeln.

Dazu werden in Abschnitt 2 Bezeichnungsweisen vereinbart und grundlegende Eigenschaften von Banach-Algebren bereitgestellt. Insbesondere wird über Bedingungen A-C der allgemeine Rahmen abgesteckt, in dem die oben erwähnten Probleme diskutiert werden. In Abschnitt 3 werden Teilbarkeits- und Vergleichssätze in Banach-Algebren bewiesen, die dann auf gewisse Typen von Banach-Räumen übertragen werden. Diese Ergebnisse werden im vierten Abschnitt auf das singuläre Integral von Weierstrass im Zusammenhang mit verschiedenen Differenzenoperatoren angewendet.

Entsprechend dem Charakter der Forschungsberichte ist für diese Arbeit eine in sich geschlossene Darstellungsweise gewählt worden, um so das Zusammenspiel zwischen Approximationstheorie einerseits und der Theorie der Banach-Algebren andererseits zu verdeutlichen. Weiterhin sei vermerkt, daß der erstgenannte Autor über den Gegenstand der Arbeit einen Vortrag auf der Oberwolfacher Tagung 1974 über "Lineare Operatoren und Approximation II" gehalten hat, wovon eine Kurzfassung im Tagungsbuch erscheinen wird [1] .

Die Autoren danken dem Landesamt für Forschung des Landes Nordrhein-Westfalen, das die Arbeit des erstgenannten Verfassers unter dem Aktenzeichen II B7 - FA 5334 fördert, für seine Unterstützung. Die vorliegende Arbeit stellt einen Beitrag zu diesem Forschungsvorhaben dar, das am Lehrstuhl A für Mathematik der RWTH Aachen unter Leitung von Prof. Dr. E. Görlich bearbeitet wird. Wir sind ihm und Prof. Dr. P.L. Butzer für viele wertvolle Hinweise und Anregungen dankbar.

2. Grundlagen

2.1 Definitionen und elementare Eigenschaften

Sei X eine kommutative Banach-Algebra mit Elementen $\mu, \nu, \sigma, \ldots$, Norm $\|\cdot\| = \|\cdot\|_X$ und Idealen I. Die Familie aller maximalen Ideale oder, falls X keine Identität hat, aller regulären maximalen Ideale M heißt maximaler Idealraum $\mathcal{M}$ von X. Die Algebra X heißt halbeinfach, falls $\bigcap_{M \in \mathcal{M}} M = \{0\}$. Nach einem Satz von Gelfand entspricht jedem $M \in \mathcal{M}$ ein-eindeutig ein nichttrivialer Homomorphismus H_M von X in $\mathbb{C}$, der Menge der komplexen Zahlen, so daß man M mit H_M identifizieren kann. Die Gelfand-Transformierte von μ ist die Abbildung $\mu^\wedge$ von $\mathcal{M}$ in $\mathbb{C}$, die durch $\mu^\wedge(M) := H_M(\mu)$ für $\mu \in X$ gegeben ist. Beim Rechnen mit der Gelfand-Transformation benutzen wir

(2.1) Faltungssatz: $(\mu\nu)^\wedge(M) = \mu^\wedge(M)\nu^\wedge(M) \qquad (\mu, \nu \in X, M \in \mathcal{M})$;

(2.2) Eindeutigkeitssatz: $\mu\hat{}(M) = 0$ für alle $M \in \mathcal{M}$ impliziert $\mu = 0$, falls X halbeinfach ist;

(2.3) $$|\mu\hat{}(M)| \leq \|\mu\| \qquad (\mu \in X, M \in \mathcal{M});$$

(2.4) $$\mu \in M \text{ genau dann, wenn } \mu\hat{}(M) = 0.$$

Existiert zu jeder in der Gelfand-Topologie (siehe [14, p. 268]) abgeschlossenen Teilmenge $C \subset \mathcal{M}$ und jedem Punkt $M_0 \notin C$ ein Element $\mu \in X$ mit $\mu\hat{}(M) = 0$ für alle $M \in C$ und $\mu\hat{}(M_0) \neq 0$, so heißt X regulär.

Im folgenden wird es darum gehen, durch geeignete Bedingungen den Rahmen festzulegen, in dem Vergleichsprobleme der Approximationstheorie in Banach-Algebren behandelt werden können. Um diese Bedingungen zu motivieren, betrachten wir als Beispiel einer kommutativen, halbeinfachen, regulären Banach-Algebra den Raum $L^1(\mathbb{R}^n)$ mit dem aus (1.3) resultierenden Produkt

(2.5) $$f * g(x) = \int_{\mathbb{R}^n} f(x-u)g(u)du.$$

Alle nichttrivialen Homomorphismen auf $L^1(\mathbb{R}^n)$ sind von der Form

(2.6) $$H_v(g) = \int_{\mathbb{R}^n} e^{-ivu}g(u)du = g\hat{}(v) \qquad (v \in \mathbb{R}^n),$$

so daß die Gelfand-Transformation mit der klassischen Fourier-Transformation und der maximale Idealraum $\mathcal{M}$ mit $\mathbb{R}^n$ identifiziert werden können (vgl. [14, p. 272]).

Der Raum $B(\mathbb{R}^n)$ ist ein Beispiel einer kommutativen halbeinfachen Banach-Algebra mit Einselement, wobei das Produkt wieder über die Faltung erklärt ist. Der maximale Idealraum $\mathcal{M}$ von $B(\mathbb{R}^n)$ kann durch sogenannte verallgemeinerte Charaktere beschrieben werden (vgl. [17]). Jedoch scheint dieser Raum $\mathcal{M}$ für approximationstheoretische Probleme zu unhandlich zu sein, so daß man sich auf einen geeigneten Teilraum von $\mathcal{M}$ beschränkt, der zu $\mathbb{R}^n$ isomorph ist. Hier besteht er aus den absolut stetigen maximalen Idealen (vgl. [8, S. 231]), die wieder mit der Fourier-Stieltjes-Transformation

$$(2.7)\qquad H_v(d\mu) = \int_{\mathbb{R}^n} e^{-ivu} d\mu(u) \doteq (d\mu)\hat{}(v)$$

identifiziert werden können. Obwohl also $\mathbb{R}^n$ nur isomorph zu einer echten Teilklasse des maximalen Idealraumes M von B ist und die Fourier-Stieltjes-Transformierte (2.7) verschieden von der Gelfand-Transformation ist, gilt neben dem Faltungssatz (vgl. (2.1)) auch der Eindeutigkeitssatz (vgl. (2.2)), d.h. aus $H_v(d\mu) = 0$ für alle $v \in \mathbb{R}^n$ folgt $\mu=0$. Dennoch liegen die absolut stetigen maximalen Ideale nicht dicht in M (vgl. [8, S. 251]).

Offensichtlich ist L^1 isometrisch isomorph zur Menge der absolut stetigen Borel-Maße, die ein abgeschlossenes Ideal in B bilden. Während B eine Algebra mit Identität ist, besitzt L^1 kein Einselement. Es existieren jedoch in L^1 approximierende Identitäten, wobei wichtige Beispiele von der Form (1.3) sind, also durch Multiplikation von $f \in L^1$ mit $\mu_t \in B$ entstehen. Deshalb genügt es für eine abstrakte Behandlung der Probleme nicht, eine Banach-Algebra X in Verallgemeinerung von $L^1(\mathbb{R}^n)$ zu betrachten. Andererseits stößt man aber auf die oben erwähnten Schwierigkeiten bei der Behandlung des maximalen Idealraumes, falls man von B ausgehen würde. Um typische Probleme der Approximationstheorie in den Rahmen der Banach-Algebren einzubetten, wird deshalb folgender Rahmen gewählt.

Sei X eine kommutative halbeinfache Banach-Algebra mit Identität δ und maximalem Idealraum M_X. Sei L eine kommutative, halbeinfache, reguläre Banach-Algebra ohne Identität mit maximalem Idealraum M_L. Die Algebren seien verknüpft durch

Bedingung A. (i) Die Banach-Algebra L ist isometrisch isomorph zu einem Ideal X_L in X.

(ii) Es existiert eine Teilmenge $N \subset M_X$, so daß zu jedem $H \in M_L$ genau ein $G \in N$ existiert mit $H = G_{|X_L}$ (deshalb dürfen L mit X_L und M_L mit N identifiziert werden).

(iii) Falls $\mu \in X$ und $\mu\hat{}(M) = 0$ für alle $M \in \mathcal{M}_L$ ist, so folgt $\mu = 0$.

Nach den vorhergegangenen Bemerkungen ist klar, daß für $L = L^1(\mathbb{R}^n)$, $X = B(\mathbb{R}^n)$ die Bed. A erfüllt ist, falls man $\mathcal{N}$ und $\mathcal{M}_L$ über (2.7) und (2.6) identifiziert.

Bemerkung 2.1. Ist L eine kommutative, halbeinfache, reguläre Banach-Algebra ohne Identität mit maximalem Idealraum $\mathcal{M}_L$, so läßt sich stets eine Banach-Algebra X angeben, so daß Bed. A erfüllt ist.

Der Vollständigkeit halber sei dazu $X = L_\delta$ gesetzt, wobei L_δ aus L in der üblichen Weise durch Hinzunahme eines Einselementes entsteht,

$$L_\delta := \{(g,\lambda);\ g \in L,\ \lambda \in \mathbb{C}\}$$

mit der Multiplikation

$$(g_1,\lambda_1)(g_2,\lambda_2) := (g_1 g_2 + \lambda_1 g_2 + \lambda_2 g_1,\ \lambda_1\lambda_2)$$

und der Norm

$$\|(g,\lambda)\| := \|g\|_L + |\lambda|.$$

Dann ist $I_L := \{(g,0);\ g \in L\}$ ein Ideal in L_δ, das isometrisch isomorph zu L ist. Zum Nachweis von (ii) bezeichne $\mathcal{M}_L$ den maximalen Idealraum von L und $\mathcal{M}$ den von L_δ. Die Homomorphismen $G \in \mathcal{M}$ können aufgespalten werden in

$$G((g,\lambda)) = G((g,0)) + G((0,\lambda))$$

$$= G((g,0)) + \lambda = H(g) + \lambda$$

mit einem $H \in \mathcal{M}_L$, so daß den Homomorphismen $G \in \mathcal{M}$ eindeutig Elemente aus $\mathcal{M}_L$ entsprechen. Da der triviale Homomorphismus Θ auf L das Element $G_\Theta((g,\lambda)) = \lambda$ aus $\mathcal{M}$ definiert, kann $\mathcal{M}_L$

mit der Differenzmenge $\mathcal{M}\setminus\{G_\Theta\}$ identifiziert werden. Zum Beweis von (iii) sei $G((g,\lambda)) = 0$ für alle $G \in \mathcal{M}\setminus\{G_\Theta\}$. Dann gilt $H(g)+\lambda = 0$, also $H(g) = -\lambda$ für alle $H \in \mathcal{M}_L$. Da $H(g) = g\hat{}(M_H)$ und die Gelfand-Transformierte $g\hat{}$ im Unendlichen verschwindet (vgl. [13, p. 52]), folgt $\lambda=0$, also $H(g) = 0$ für jedes $H \in \mathcal{M}_L$. Wegen des Eindeutigkeitssatzes (2.2) für L ergibt sich also $g=0$ und damit $(g,\lambda) = (0,0)$.

2.2 Ein Wiener-Lemma

Für ein Ideal I in X sei $hl(I) := \{M \in \mathcal{M};\ I \subset M\}$ die Hülle von I, für eine Familie $C \subset \mathcal{M}$ sei $k(C) := \bigcap\{M \in \mathcal{M};\ M \in C\}$ der Kern von C und für ein Element $\nu \in X$ sei $(\nu) := \{\mu\nu;\ \mu \in X\}$ das von ν erzeugte Hauptideal. Das Innere von $C \subset \mathcal{M}$ sei mit Inn C bezeichnet.

__Lemma__ 2.2. __Sei__ L __eine__ __kommutative__, __halbeinfache__ __Banach-Algebra__.

(i) __Ist__ I __ein__ __Ideal__ __in__ L __und__ $g \in L$, __so__ __daß__ $hl(I) \subset \text{Inn}\ hl((g))$ __und__ $g=fg$ __für__ __ein__ $f \in L$ __ist__, __so__ __gilt__ $g \in I$.

(ii) __Sei__ L __eine__ __reguläre__ __Banach-Algebra__ __mit__ __maximalem__ __Idealraum__ $\mathcal{M}$. __Ist__ C __eine__ __kompakte__ __Teilmenge__ __von__ $\mathcal{M}$, __so__ __existiert__ __ein__ $f \in L$, __so__ __daß__ $f\hat{}(M) = 1$ __für__ __alle__ $M \in C$.

Zum Beweis siehe [13, p. 62; 83].

Beweistechnisch benötigen wir später einen Satz, der in seiner ursprünglichen Form auf Wiener zurückgeht und deshalb oft als Wiener-Lemma bezeichnet wird (vgl. [12, p. 228]). Im jetzigen Rahmen benötigen wir folgende Version:

__Satz__ 2.3. __Seien__ X __und__ L __so__ __gewählt__, __daß__ __Bed__. A __gilt__. __Ist__ $\mathcal{E}$ __eine__ __kompakte__ __Teilmenge__ __von__ $\mathcal{M}_L$ __und__ __sind__ $\sigma \in X$, $g \in L$, __so__ __daß__

(2.8) $\sigma\hat{}(M) \neq 0$ für jedes $M \in \mathcal{E}$

(2.9) $g\hat{}(M) = 0$ für jedes $M \in \mathcal{M}_L\setminus\mathcal{E}$, dann existiert ein $h \in L$ mit $g^\wedge(M) = h^\wedge(M)\sigma^\wedge(M)$ für alle $M \in \mathcal{M}_L$, also $g = h\sigma$.

Beweis. Da L ein Ideal in X ist, definiert jedes $\sigma \in X$ ein Ideal $I_\sigma = \{h\sigma;\ h \in L\}$ in L. Wegen Bed. A (iii) gilt $g^\wedge(M) = h^\wedge(M)\sigma^\wedge(M)$ für alle $M \in \mathcal{M}_L$ genau dann, wenn $g = h\sigma$. Zum Beweis bleibt $g \in I_\sigma$ zu zeigen.

Für ein Ideal I in L gilt nach (2.4)

$$hl_L(I) = \{M \in \mathcal{M}_L;\ f^\wedge(M) = 0 \text{ für alle } f \in I\}.$$

Deshalb ist $hl_L(I_\sigma) \subset \mathcal{M}_L \setminus \mathcal{E}$ wegen (2.8) und $hl_L((g)) \supset \mathcal{M}_L \setminus \mathcal{E}$ wegen (2.9). Daher gelten die Inklusionen

$$(2.10) \qquad hl_L(I_\sigma) \subset \mathcal{M}_L \setminus \mathcal{E} \subset hl_L((g)).$$

Da $\mathcal{E}$ kompakt und $\mathcal{M}_L$ Hausdorff-Raum ist, muß $\mathcal{M}_L \setminus \mathcal{E}$ offen sein und somit wegen (2.10)

$$(2.11) \qquad hl_L(I_\sigma) \subset \operatorname{Inn}[hl_L((g))].$$

Wir wenden Lemma 2.2 (ii) auf die Algebra L und die Teilmenge $\mathcal{E} \subset \mathcal{M}_L$ an und erhalten die Existenz eines $f \in L$ mit $f^\wedge(M) = 1$ für alle $M \in \mathcal{E}$. Deshalb gilt

$$f^\wedge(M)g^\wedge(M) = \begin{cases} g^\wedge(M), & M \in \mathcal{E} \\ 0\ , & M \in \mathcal{M}_L \setminus \mathcal{E} \end{cases} = g^\wedge(M)$$

für alle $M \in \mathcal{M}_L$, wegen (2.1) also $(fg)^\wedge(M) = g^\wedge(M)$ für alle $M \in \mathcal{M}_L$ und somit $fg = g$. Die Voraussetzungen von Lemma 2.2 (i) sind also wegen (2.11) erfüllt, so daß $g \in I_\sigma$ folgt.

Bemerkung 2.4. Der Beweis benutzt die Regularität von L, so daß Satz 2.3 nicht auf die Algebra X allein anwendbar ist. Es wird darauf verzichtet, X als regulär zu fordern, da in der Anwendung $X = B(\mathbb{R}^n)$ nicht regulär ist. Natürlich können aus Satz 2.3 die üblichen Versionen des Wiener-Lemmas (vgl. [3, p. 508], [15])gefolgert werden.

2.3 Bedingungen vom Ditkin-Typ

Im klassischen Fall (vgl. [3, p. 495]) von Approximationsprozessen (1.3) vom Fourierschen Faltungstyp im $\mathbb{R}^n$ werden die (lokalen) Vergleichssätze für die Teilklasse der Fejer-Typ-Verfahren hergeleitet. Entsprechend werden wir uns auch hier auf die folgende Teilklasse von approximierenden Identitäten beschränken. Dabei werde mit $[X]$ die Menge der beschränkten, linearen Abbildungen von X in sich bezeichnet.

Bedingung B. Auf einer Banach-Algebra X, die Bed. A genüge, existiere eine (normalisierte) Familie $\{T_t\}_{t>0}$ von (gleichmäßig beschränkten) Homomorphismen von X in sich mit $T_t(L) \subset L$, so daß gilt:

(i) $\|T_t\|_{[X]} \leq 1$ $(t > 0)$,

(ii) $T_t(\mu\nu) = (T_t\mu)(T_t\nu), \quad T_tT_s\mu = T_{ts}\mu,$ $(\mu,\nu\in X,\ t,s>0)$,

(iii) $T_1\mu = \mu$ $(\mu\in X)$,

(iv) Es existiere eine Teilklasse $N \subset L$, so daß $\{T_tk\}, t\to 0+$, für jedes $k \in N$ eine approximierende Identität in L bildet; dann heißt $\{T_tk\}$ approximierende Identität vom Fejér-Typ.

Zur Vereinfachung der Bezeichnungen vereinbaren wir folgende Schreibweise

$$\mu_t := T_t\mu \qquad (\mu\in X,\ t>0),$$
$$(2.12) \qquad D_t(\sigma;\mu) := \sigma\mu_t \qquad (\sigma,\mu\in X).$$

Im folgenden benötigen wir eine weitere Einschränkung in Form der

Bedingung C. Sei X eine Banach-Algebra gemäß Bed. B und $M_o \in \mathcal{M}_L$.

(i) Es existiere eine Umgebungsbasis $\{\mathcal{U}_t\}_{t>0}$ von M_o mit $\mathcal{U}_t \subset \mathcal{U}_{t'}$ für $t \leq t'$ und echter Enthaltenseinsrelation für $t<t'$

(ii) Zu jeder Zahl $0<s<1$ existiere ein $k \in N$, so daß

(2.13) $\quad k_t^{\wedge}(M) = 0 \quad$ für alle $M \in \mathcal{M}_L \setminus \mathcal{U}_{st^{-1}}$,

(2.14) $\quad k_t^{\wedge}(M) = 1 \quad$ für alle $M \in \mathcal{U}_{s^2t^{-1}}$.

Bemerkung 2.5. Bed. B, C, die miteinander eng verknüpft sind, können in Zusammenhang mit einer Bedingung gesehen werden, die V.A. Ditkin aufstellte (vgl. [11 II, p. 497], [12, p. 225]):

Ditkin-Bedingung. Zu $M_o \in \mathcal{M}_L$ existiere zu jedem $f \in M_o$ eine Folge $h_n \in L$, so daß $h_n^{\wedge}$ in einer Umgebung von M_o verschwindet und

(2.15) $\quad \lim_{n\to\infty} \| fh_n - f \|_L = 0$.

Der Zusammenhang der Bed. B, C mit der Ditkin-Bedingung liegt grundsätzlich in der Forderung nach der Existenz von Familien $\{h_n\}$ in einer Banach-Algebra L, für die $\| fh_n - f \|_L \to 0$ gilt und für die $h_n^{\wedge}$ auf einer vorgegebenen Teilmenge von $\mathcal{M}_L$ verschwindet. Dazu wird hier gefordert, daß die Approximation (2.15) für jedes $f \in L$ erfüllt ist, so daß $\{h_n\}$ echte approximierende Identität (unabhängig von f) ist. In der Literatur wird eine gewisse Unabhängigkeit der Folge $\{h_n\}$ von f bei der Definition sogenannter starker Ditkin-Mengen gefordert (vgl. [9], [18]):

Die Menge $\Omega \subset \mathcal{M}_L$ heißt Ditkin-Menge, falls zu jedem $f \in I(\Omega) = \{f \in L;\ f^{\wedge}(M) = 0$ für alle $M \in \Omega\}$ eine Folge $\{h_n\} \subset I(\Omega)$ existiert, so daß $h_n^{\wedge}$ in einer Umgebung von Ω verschwindet und $\| fh_n - f \| \to 0$, $n\to\infty$. Ist $\{h_n\}$ von f unabhängig, so heißt Ω starke Ditkin-Menge.

Entsprechend ist eine starke Ditkin-Bedingung in M_o erfüllt, falls die Folge $\{h_n\}$ von $f \in M_o$ unabhängig ist.

Andererseits wird in Bed. B, C zusätzlich die Existenz der Umgebungsbasis $\{\mathcal{U}_t\}$ und der Operatorenfamilie $\{T_t\}$ gefordert, so daß die approximierenden Identitäten nach einem bestimmten Bildungsgesetz erzeugt werden können.

3. Teilbarkeitssätze in Banach-Algebren

3.1 Globaler und lokaler Vergleich

Definition 3.1 Ein Element $\nu \in X$ teilt $\mu \in X$ lokal in $M_o \in \mathcal{M}$, falls ein $\zeta \in X$ und eine Umgebung $\mathcal{U}$ von M_o existieren, so daß für alle $M \in \mathcal{U}$ gilt (vgl. [13, p. 85])

$$\mu^\wedge(M) = \zeta^\wedge(M)\nu^\wedge(M). \tag{3.1}$$

Das Element $\nu \in X$ teilt $\mu \in X$ global, falls (3.1) für ein $\zeta \in X$ und alle $M \in \mathcal{M}$ gilt.

Es gilt der folgende globale Teilbarkeitssatz.

Satz 3.2. Sei X eine Banach-Algebra gemäß Bed. B, und ν teile $\mu \in X$ global. Dann gilt für jedes $f \in L$ und $t>0$

$$\|D_t(f;\mu)\|_L \leq \|\zeta\|_X \, \|D_t(f;\nu)\|_L. \tag{3.2}$$

Beweis. Nach Voraussetzung existiert $\zeta \in X$, so daß (3.1) für alle $M \in \mathcal{M}$ gilt. Der Eindeutigkeitssatz (2.2) liefert dann $\mu=\zeta\nu$. Hieraus folgt mit Bed. B und (2.12), daß $\mu_t = \zeta_t\nu_t$ und somit $f\mu_t = \zeta_t f\nu_t$ für $t>0$ und $f \in L$ gilt. Dies ergibt die Behauptung, da

$$\|f\mu_t\|_L \leq \|T_t\zeta\|_X \, \|f\nu_t\|_L \leq \|\zeta\|_X \, \|f\nu_t\|_L.$$

Falls ν das Element μ nicht global teilt, kann man im allgemeinen eine Ungleichung vom Typ (3.2) nicht erwarten. Eine etwas schwächere Abschätzung kann jedoch noch hergeleitet werden, falls ν das Element μ nur lokal teilt. Dazu wird benötigt

Definition 3.3. Die Banach-Algebra X genüge Bed. C für ein $M_0 \in \mathcal{M}_L$. Das Element $\nu \in X$ erfüllt in M_0 eine Tauber-Bedingung, falls eine (von ν abhängige) Zahl s, $0<s<1$, und eine kompakte Menge $E \subset \mathcal{M}_L$ existieren, so daß $E \supset \mathcal{U}_1 \setminus \mathcal{U}_{s^2}$ und $\nu^\wedge(M) \neq 0$ für alle $M \in E$ gilt.

Dann gilt der folgende lokale Teilbarkeitssatz.

Satz 3.4. Die Banach-Algebra X genüge Bed. C für ein $M_0 \in \mathcal{M}_L$. Falls $\nu \in X$ in M_0 eine Tauber-Bedingung erfüllt und $\mu \in X$ lokal teilt, so gilt für jedes $f \in L$

$$(3.3) \qquad \| D_t(f;\mu)\|_L \leq \|\zeta\|_X \, \|D_t(f;\nu)\|_L + A \sum_{j=0}^{\infty} \|D_{t_0 s^j t}(f;\nu)\|_L ,$$

wobei die Konstanten A und t_0 nur von μ und ν abhängen.

Beweis. Da ν das Element μ lokal in M_0 teilt, existiert $\zeta \in X$ und eine Umgebung $\mathcal{U}$ von M_0, so daß (3.1) für alle $M \in \mathcal{U}$ gilt. Da $\{\mathcal{U}_t\}_{t>0}$ eine (monotone) Umgebungsbasis von M_0 ist, existiert eine Zahl t_0, $t_0>1$, mit $M_0 \in \mathcal{U}_{t_0^{-1}} \subset \mathcal{U}$. Daraus folgt mit (2.13)

$$\mu^\wedge(M) = \zeta^\wedge(M)\nu^\wedge(M) + [\zeta^\wedge(M)\nu^\wedge(M) - \mu^\wedge(M)][k_{t_0}^\wedge(M) - 1]$$

für alle $M \in \mathcal{M}_L$. Wegen Bed. A (iii) ergibt sich

$$(3.4) \qquad \mu = \zeta\nu + (\zeta\nu - \mu)\,(k_{t_0} - \delta),$$

wobei δ die Identität in X ist. Wie vorhin ergibt sich nach Anwendung des Operators T_t und Multiplikation mit $f \in L$

$$f\mu_t = \zeta_t f\nu_t + (\zeta_t\nu_t - \mu_t)\,(fk_{tt_0} - f) \qquad (t>0)$$

und somit

(3.5) $\|f\mu_t\|_L \leq \|\zeta\|_X \|f\nu_t\|_L + \|\zeta\nu - \mu\|_X \|fk_{tt_o} - f\|_L.$

Um den Anteil $\|fk_{tt_o} - f\|_L$ abzuschätzen, definieren wir mit der Zahl $s=s(\nu)$ entsprechend Bed. C das Element $l := k-k_s \in L$. Wegen (2.13), (2.14) gilt $l^\wedge(M) = 0$ für $M \notin \mathcal{U}_1$ und $M \in \mathcal{U}_{s^2}$, also $l^\wedge(M) = 0$ für $M \in \mathcal{M}_L \setminus \{\mathcal{U}_1 \setminus \mathcal{U}_{s^2}\}$. Da nach Voraussetzung $\nu^\wedge(M) \neq 0$ für $M \in \mathcal{E} \supset \mathcal{U}_1 \setminus \mathcal{U}_{s^2}$ ist, kann Satz 2.3 auf $\sigma=\nu$, $g=l$ angewendet werden: Es existiert ein $h \in L$, so daß $l^\wedge(M) = h^\wedge(M)\nu^\wedge(M)$ für alle $M \in \mathcal{M}_L$ und damit wegen Bed. A (iii) für alle $M \in \mathcal{M}$ gilt. Mit Satz 3.2 folgt deshalb nach Definition von l

$$\|f(k_t - k_{st})\|_L \leq \|h\|_L \|f\nu_t\|_L \qquad (f \in L,\ t>0).$$

Durch die Substitution $t \to ts^j t_o$, $j = 0,1,2,\ldots$, erhält man

$$\|f(k_{ts^jt_o} - k_{s^{j+1}tt_o})\|_L \leq \|h\|_L \|f\nu_{ts^jt_o}\|_L.$$

Summation über j ergibt

$$\|f(k_{tt_o} - k_{tt_os^{r+1}})\| \leq \|h\|_L \sum_{j=0}^{r} \|f\nu_{tt_os^j}\|_L$$

$$\leq \|h\|_L \sum_{j=0}^{\infty} \|f\nu_{tt_os^j}\|_L.$$

Wegen $k \in N$ ist $k_{tt_os^{r+1}}$ für $r \to \infty$ eine approximierende Identität in L, so daß man

$$\|fk_{tt_o} - f\|_L \leq \|h\|_L \sum_{j=0}^{\infty} \|f\nu_{tt_os^j}\|_L$$

erhält. Setzt man $A := \|\zeta\nu - \mu\|_X \|h\|_L$, so ergibt sich aus (3.5) die Behauptung (3.3).

<u>Bemerkung</u> 3.5. Das Nullstellenverhalten von $\nu^\wedge$ bestimmt die Zahl s, während s das Element k in Bed. C festlegt.

Aus Satz 3.4 erhält man den folgenden Vergleichssatz für Verfahren vom Fejér-Typ.

<u>Satz</u> 3.6. <u>Die Banach-Algebra</u> X <u>genüge Bed.</u> C. <u>Sind</u> $\mu, \nu \in X$ <u>wie in Satz</u> 3.4, <u>so folgt aus</u> $\|D_t(f;\nu)\|_L = O(t^\alpha)$ <u>für ein</u> $f \in L$, $\alpha > 0$ <u>die Abschätzung</u> $\|D_t(f;\mu)\|_L = O(t^\alpha)$.

Der Beweis folgt unmittelbar aus (3.3), da mit einem $A_1 > 0$ gilt

$$\sum_{j=0}^{\infty} \|D_{t_0 s^j t}(f;\nu)\|_L \leq [A_1 t_0^\alpha/(1-s^\alpha)]\, t^\alpha.$$

3.2 Erweiterung auf Banach-Räume

Sei X eine Banach-Algebra gemäß Bed. C. Die Teilbarkeitstheorie soll nun von der Banach-Algebra L auf geeignete Banach-Räume ausgedehnt werden. Unser Vorgehen beruht auf dem Begriff des Banach-X Moduls (vgl. [11 II, p. 263]) und entspricht im wesentlichen dem von Curtis-Figa-Talamanca [7].

<u>Bedingung</u> D. <u>Sei</u> X <u>eine Banach-Algebra und</u> E <u>ein Banach-Raum mit Elementen</u> a,b,..., <u>so daß ein Isomorphismus von</u> X <u>auf eine Teilalgebra</u> $W \subset [E]$ <u>existiert mit</u>

$$\|\mu\|_{[E]} \leq \|\mu\|_X \qquad (\mu \in X). \tag{3.6}$$

Für $\mu \in X$ und $a \in E$ schreiben wir den Wert des durch μ definierten Operators an der Stelle a als $\mu(a)$, so daß wegen (3.6) gilt

$$\|\mu(a)\|_E \leq \|\mu\|_X \|a\|_E \qquad (\mu \in X, a \in E). \tag{3.7}$$

Um Approximationsprozesse in E untersuchen zu können, benötigen wir

Bedingung E. *In L existiere eine Familie $\{g_t\}_{t>0}$, so daß $\{g_t\}$ in E ein Approximationsverfahren für $t\to 0+$ definiert, d.h.*

$$(3.8)\qquad \lim_{t\to 0+} \| g_t(a) - a\|_E = 0 \qquad (a\in E).$$

Dann gilt

Lemma 3.7 *Sei $\{\xi_t\}_{t>0} \subset X$ eine (gleichmäßig beschränkte) approximierende Identität für L. Dann ist $\{\xi_t\}_{t>0}$ ein Approximationsverfahren in E.*

Beweis. Für $a\in E$ gilt wegen (3.7) (vgl. [11 II, p. 273])

$$\|\xi_t(a)-a\|_E \leq \|\xi_t(a)-\xi_t(g_\tau(a))\|_E + \|(\xi_t g_\tau)(a)-g_\tau(a)\|_E + \|g_\tau(a)-a\|_E$$

$$\leq \|\xi_t\|_X \|a-g_\tau(a)\|_E + \|\xi_t g_\tau - g_\tau\|_L \|a\|_E + \|g_\tau(a)-a\|_E$$

$$\leq \varepsilon(A+1) + \varepsilon \|a\|_E ,$$

falls man τ so wählt, daß $\|g_\tau(a)-a\|_E < \varepsilon$ ist (vgl. (3.8)), und dann t so bestimmt, daß $\|\xi_t g_\tau - g_\tau\|_L < \varepsilon$ wird (vgl. Voraussetzung). Also folgt $\lim_{t\to 0+} \|\xi_t(a)-a\|_E = 0$ für jedes $a\in E$.

Bemerkung 3.8. Bed. E wird nur zum Beweis des Lemmas 3.7 benötigt. Deshalb kann statt Bed. E auch die Aussage des Lemmas gefordert werden.

Nun kann die Abschätzung (3.3) des lokalen Teilbarkeitssatzes auf E übertragen werden.

Satz 3.9. *Unter den Voraussetzungen von Satz 3.4 und Bed. D, E gilt für jedes $a\in E$*

$$(3.9)\qquad \|\mu_t(a)\|_E \leq \|\zeta\|_X \|\nu_t(a)\|_E + \|\zeta\nu-\mu\|_X \|h\|_L \sum_{j=0}^{\infty} \|\nu_{t_o s^j t}(a)\|_E .$$

Beweis. Zunächst erhält man wieder (3.4) und schließt daraus, da X isomorph zu $W\subset[E]$ ist, für jedes $a\in E$, $t>0$

$$\mu_t(a) = \zeta_t(\nu_t(a)) + (\zeta_t\nu_t - \mu_t)(k_{tt_o}(a) - a)$$

$$\|\mu_t(a)\|_E \leq \|\zeta\|_X \|\nu_t(a)\|_E + \|\zeta\nu - \mu\|_X \|k_{tt_o}(a) - a\|_E.$$

Zur Abschätzung des letzten Terms zeigt man genau wie früher

$$\|(k_{tt_o} - k_{s^{r+1}tt_o})(a)\|_E \leq \|h\|_L \sum_{j=0}^{\infty} \|\nu_{t_o s^j t}(a)\|_E$$

und beachtet, daß k_τ für $\tau \to 0+$ wegen Lemma 3.7 ein Approximationsverfahren auf E ist. Deshalb gilt für $r \to \infty$

$$\|k_{tt_o}(a) - a\|_E \leq \|h\|_L \sum_{j=0}^{\infty} \|\nu_{t_o s^j t}(a)\|_E,$$

woraus unmittelbar die Behauptung folgt.

Beispielsweise kann E=L gesetzt und der Operator $\nu(a)$ für $\nu \in X$ und $a \in E$ über das Produkt $\nu(a) := \nu a$ definiert werden. Da L Ideal in X und $\|\nu(a)\|_E = \|\nu a\|_L \leq \|\nu\|_X \|a\|_E$ ist, kann X als Teilalgebra von [L] aufgefaßt werden, so daß Bed. D erfüllt ist. Da außerdem Lemma 3.7 trivialerweise gilt, ist E=L ein geeigneter Banach-Raum, und Satz 3.9 reproduziert den ursprünglichen lokalen Teilbarkeitssatz 3.4.

3.3 Einschränkung der Teilbarkeitsvoraussetzung

Wie in der klassischen Theorie erhält man eine Erweiterung der Teilbarkeitssätze, wenn man versucht, eine Abschätzung von $\|D_t(f;\mu)\|$ durch $\|D_t(f;\nu)\|$ herzuleiten, ohne explizit zu wissen, ob und wie ν das Element μ teilt.

<u>Lemma 3.10.</u> <u>Sei</u> $q(t)$ <u>eine für</u> $t \geq 0$ <u>definierte, beschränkte</u> <u>Funktion, wobei</u>

$$q(t) \leq At^\alpha + B^{-\beta} q(Bt)$$

<u>mit positiven Konstanten</u> $\alpha, \beta, A, B > 1$. <u>Dann gilt für jedes</u> $0 < t \leq B^{-2}$ <u>und mit gewissen Konstanten</u> A_j <u>die Abschätzung</u>

$$q(t) \leq \begin{cases} \dfrac{A}{1-B^{\alpha-\beta}} t^{\alpha}, & \alpha < \beta \\ (A_1|\log t| + A_2)t^{\alpha}, & \alpha = \beta \\ A_3 t^{\beta}, & \alpha > \beta \end{cases}$$

Ein Beweis findet sich z.B. in [3, p. 498].

<u>Satz 3.11.</u> <u>Die Banach-Algebra</u> X <u>genüge Bed. C in</u> $M_o \in M_L$, <u>worin</u> $\nu, \zeta \in X$ <u>Tauber-Bedingungen erfüllen sollen. Dazu sei</u> $\hat{\zeta}_t$ <u>in einer Umgebung</u> U <u>von</u> M_o <u>eine homogene Funktion vom Grade</u> β <u>in</u> t, <u>d.h.</u> $\hat{\zeta}_t(M) = A^{-\beta} \hat{\zeta}_{At}(M)$ <u>für jedes</u> $A > 0$, $M \in U$. <u>Weiterhin teile</u> ζ <u>das Element</u> $\mu \in X$ <u>lokal in</u> M_o. <u>Gilt dann</u> $\|D_t(f;\nu)\|_L = O(t^{\alpha})$ <u>für ein</u> $f \in L$, <u>so folgt für</u> $t \to 0+$

$$\|D_t(f;\mu)\|_L = \begin{cases} O(t^{\alpha}), & \alpha < \beta \\ O(t^{\alpha}|\log t|), & \alpha = \beta \\ O(t^{\beta}), & \alpha > \beta. \end{cases}$$

<u>Bemerkung</u> 3.12. Eine entsprechende Aussage gilt für E.

<u>Beweis.</u> Wegen der Homogenität gilt $\hat{\zeta}_t(M) - 2^{-\beta} \hat{\zeta}_{2t}(M) = 0$ für $M \in U$. Da offensichtlich 0 von jedem Element der Algebra X geteilt wird, teilt ν das Element $\zeta - 2^{-\beta} \zeta_2$ lokal in M_o. Da ν in M_o eine Tauber-Bedingung erfüllt, ist Satz 3.6 anwendbar, und man erhält

$$\|f\zeta_t - 2^{-\beta} f\zeta_{2t}\|_L \leq A t^{\alpha}.$$

Setzen wir nun $q(t) := \|f\zeta_t\|_L$, so ist q nach Bed. B (i) beschränkt für $t > 0$, und es gilt

$$q(t) \leq \|f\zeta_t - 2^{-\beta} f\zeta_{2t}\|_L + 2^{-\beta} \|f\zeta_{2t}\|_L$$

$$\leq A t^{\alpha} + 2^{-\beta} q(2t).$$

Damit folgt aus Lemma 3.10 für $t \to 0+$

$$\|D_t(f;\zeta)\|_L = \begin{cases} O(t^\alpha), & \alpha < \beta \\ O(t^\alpha |\log t|), & \alpha = \beta \\ O(t^\beta), & \alpha > \beta. \end{cases}$$

Da nach Voraussetzung ζ in M_o eine Tauber-Bedingung erfüllt und das Element μ lokal in M_o teilt, liefert Satz 3.6 die Behauptung.

4. Anwendungen auf Approximationsverfahren im $\mathbb{R}^n$

Um als Anwendung der abstrakten Theorie die bekannten Ergebnisse im $\mathbb{R}^n$ zurückzugewinnen, setzen wir $X = B(\mathbb{R}^n)$, $L = L^1(\mathbb{R}^n)$ und $E = L^p(\mathbb{R}^n)$, $1 \leq p < \infty$, und weisen die Gültigkeit der Bedingungen nach. Bed. A im jetzigen Rahmen wurde bereits in Abschnitt 2.1 als Motivation benutzt. Bezüglich Bed. B wird die klassische Situation reproduziert, falls man

$$N := NL^1(\mathbb{R}^n) := \{f \in L^1;\ \int_{\mathbb{R}^n} f(u)du = 1\}$$

setzt und den Operator T_t durch

$$T_t\mu(\cdot) := \mu(\cdot\, t^{-1}) \qquad (t>0,\ \mu \in B(\mathbb{R}^n)) \tag{4.1}$$

definiert, dessen Restriktion auf L^1 die Form $T_t|_L f(u) = t^{-n} f(ut^{-1})$ hat. Auf der Klasse $NL^1(\mathbb{R}^n)$ erzeugt dann T_t approximierende Identitäten vom klassischen Fejér-Typ (vgl. [3, p. 121]). Im folgenden werde der maximale Idealraum von M_{L^1} mit $\mathbb{R}^n$ identifiziert (vgl. Abschnitt 2.1). Als Punkt M_o, in dem lokale Teilbarkeit vorliegen soll, können wir deshalb ohne Einschränkung der Allgemeinheit den Nullpunkt des $\mathbb{R}^n$ wählen. Als Umgebungsbasis von O gemäß Bed. C kann dann

$$\mathcal{U}_t := \{u \in \mathbb{R}^n;\ |u| < t\} \qquad (t>0)$$

genommen werden, da $\mathbb{R}^n$ als maximaler Idealraum von $L^1(\mathbb{R}^n)$ die natürliche Topologie besitzt. Weiterhin existiert zu jeder Zahl s, $0<s<1$ ein $k \in NL^1(\mathbb{R}^n)$ mit

$$k^\wedge(v) = \begin{cases} 0 & \text{für} \quad |v| > s \\ 1 & \phantom{\text{für}} \quad |v| < s^2, \end{cases}$$

so daß $k_t^\wedge$ den Eigenschaften (2.13), (2.14) genügt, da $k_t^\wedge(v) = k^\wedge(vt)$ für $v \in \mathbb{R}^n$, $t>0$. Für $\nu \in B(\mathbb{R}^n)$ ist $(d\nu)^\wedge(v) \neq 0$ für $|v| = 1$ hinreichend für das Erfülltsein der Tauber-Bedingung: Denn wegen der Stetigkeit von $(d\nu)^\wedge$ existiert dann eine kompakte Menge $E = \{v;\ 1-\varepsilon \leq |v| \leq 1\}$, $\varepsilon>0$, auf der $(d\nu)^\wedge$ nicht verschwindet, so daß für $1-\varepsilon<s^2<1$ die Bedingung $E \supset \mathcal{U}_1 \setminus \mathcal{U}_{s^2}$ gilt. Deshalb folgt (vgl. [15])

<u>Satz</u> 4.1. <u>Sei</u> $\nu \in B(\mathbb{R}^n)$ <u>mit</u> $(d\nu)^\wedge(v) \neq 0$ <u>für</u> $|v|=1$ <u>und</u> ν <u>teile</u> $\mu \in B(\mathbb{R}^n)$ <u>lokal in</u> $v=0$. <u>Dann gilt für</u> $f \in L^p(\mathbb{R}^n)$, $1\leq p<\infty$, <u>und</u> $t>0$ <u>die Abschätzung</u>

$$\| D_t(f,\mu)\|_p \leq \|\zeta\|_B \, \| D_t(f;\nu)\|_p + A \sum_{j=0}^{\infty} \| D_{t_o s^j t}(f;\nu)\|_p$$

<u>wobei die Konstanten</u> A, s, t_o <u>nur von</u> μ <u>und</u> ν <u>abhängen</u>.

Zum Beweis des Satzes bleibt zu zeigen, daß $E = L^p$ für $1<p<\infty$ geeignete Banach-Räume im Sinne von Bed. D, E bilden. Dazu wird $B(\mathbb{R}^n)$ in die Algebra $[L^p]$ über

$$\nu(f) = \int_{\mathbb{R}^n} f(x-u)\,d\nu(u) \qquad (f \in L^p)$$

eingebettet, so daß Bed. D nach klassischen Ergebnissen (vgl. [11 I, p. 292]) folgt. Um Bed. E zu erfüllen, kann $\{g_t\}_{t>0}$ als Kern jedes klassischen Approximationsverfahrens (Fejér, Weierstrass usw.) gewählt werden. Als Vergleichssatz erhält man hier aus Satz 3.6

Satz 4.2. Sei $\nu \in B(\mathbb{R}^n)$ mit $(d\nu)\hat{}(v)\neq 0$ für $|v| = 1$ und ν teile $\mu \in B(\mathbb{R}^n)$ lokal in $v=0$. Gilt dann für $f \in L^p(\mathbb{R}^n)$, $1\leq p<\infty$, und $\alpha>0$ die Abschätzung $\|D_t(f;\nu)\|_p = O(t^\alpha)$, so folgt $\|D_t(f;\mu)\|_p = O(t^\alpha)$, $t\to 0+$.

Eine entsprechende Aussage gilt für $E = C_0(\mathbb{R}^n)$, den Raum der auf $\mathbb{R}^n$ stetigen Funktionen, die im Unendlichen verschwinden.

Bemerkung 4.3. Im $\mathbb{R}^1$ kann $B(\mathbb{R}^1)$ mit $BV(\mathbb{R}^1)$, dem Raum der Funktionen von beschränkter Variation, identifiziert werden. Bezüglich der Tauber-Bedingung genügt dann im Falle reellwertiger $\nu \in BV(\mathbb{R}^1)$ die Forderung, daß ν auf $\mathbb{R}$ nicht identisch verschwindet (vgl. [3, p. 495]). Im $\mathbb{R}^n$ kann die Forderung $(d\nu)\hat{}(v)\neq 0$ für $|v| = 1$ noch etwas weiter abgeschwächt werden (vgl. [15]).

Abschließend soll Satz 4.2 dazu benutzt werden, die Approximation durch das singuläre Integral von Weierstrass

$$(4.2) \qquad W(f;x;t) := \frac{1}{(4\pi t^2)^{n/2}} \int_{\mathbb{R}^n} f(x-u)e^{-(u/2t)^2} du$$

mit verschiedenen Differenzenoperatoren zu vergleichen. Zunächst ist $W(f;x;t)$ ein Approximationsverfahren vom Fejér-Typ mit Kern $w \in NL^1$:

$$(4.3) \qquad w(x) := (4\pi)^{-n/2} e^{-x^2/4}, \qquad w\hat{}(v) = e^{-v^2}.$$

Der Ausdruck $[W(f;x;t)-h(x)]$ soll zunächst mit folgender zerfallender Differenz zweiter Ordnung verglichen werden, die für $f \in L^p$ durch

$$(4.4) \qquad d_t f(x) := \sum_{j=1}^{n} [f(x+2t\eta_j) - 2f(x+t\eta_j) + f(x)]$$

gegeben ist, wobei $\eta_j \in \mathbb{R}^n$ der Einheitsvektor entlang der j-ten Koordinatenachse ist. Offensichtlich kann (4.4) als Faltung $f * d\kappa_t$ mit einem Kern $\kappa_t := \kappa(\cdot/t)$, $\kappa \in B(\mathbb{R}^n)$, geschrieben werden (vgl. [11 II, p. 376]), wobei gilt

(4.5) $$(d\kappa)^\wedge(v) = \sum_{j=1}^{n} (e^{iv_j} - 1)^2.$$

Um die Teilbarkeitsvoraussetzung in Satz 4.2 zu verifizieren, ist der Bruch

$$r(v) := (d\kappa)^\wedge(v)/[w^\wedge(v) - 1]$$

zu untersuchen. Da er beliebig oft stetig differenzierbar ist, existiert ein $h \in L^1(\mathbb{R}^n)$, so daß $r(v) = h^\wedge(v)$ in einer Umgebung des Nullpunktes (sogar global in ganz $\mathbb{R}^n$, vgl. [3, p. 497], [6]) gilt. Da $1/r(v)$ das gleiche Vorgehen (allerdings echt lokal) erlaubt, liefert Satz 4.2

__Korollar__ 4.4. __Für__ $f \in L^p(\mathbb{R}^n)$, $1 \le p < \infty$, __und__ $0 < \alpha \le 2$ __sind äquivalent für__ $t \to 0+$:

(i) $$\| W(f;x;t) - f(x) \|_p = O(t^\alpha),$$

(ii) $$\| d_t f(x) \|_p = O(t^\alpha).$$

Die entsprechende Aussage gilt in $C_o(\mathbb{R}^n)$.

Dieses Ergebnis liefert eine Chrakterisierung der Approximation durch das Integral von Weierstrass sowohl im nichtoptimalen Fall $0<\alpha<2$ als auch im Saturationsfall $\alpha=2$ in Form einer Lipschitz-Bedingung.

Eine zweite Charakterisierungsmöglichkeit kann durch die Differenz

(4.6) $$\Delta_t f(x) := f(x+2t\eta) - 2f(x+t\eta) + f(x)$$

gegeben werden, wobei $\eta = (1,\dots,1)$ ist. Wieder ist Δ_t darstellbar als Faltung mit einem Maß $\theta_t = \theta(\cdot/t)$, wobei

(4.7) $$(d\theta)^\wedge(v) = (e^{i(v_1+\dots+v_n)} - 1)^2$$

ist. Es gilt der Vergleichssatz

Korrolar 4.5. Für $f \in L^p(\mathbb{R}^n)$, $1 \leq p < \infty$, und $0 < \alpha < 2$ sind äquivalent für $t \to 0+$:

(i) $\| W(f;x;t) - f(x) \|_p = O(t^\alpha)$

(ii) $\| \Delta_t f(x) \|_p = O(t^\alpha)$.

Die entsprechende Aussage gilt in $C_0(\mathbb{R}^n)$.

Beweis. Wir benutzen Satz 3.11 (bzw. Bemerkung 3.12) und wählen dort $\mu = \theta$ (vgl. (4.7)) bzw. $\nu = w - \delta$ mit Weierstrass-Kern (4.3) und Identität δ in $B(\mathbb{R}^n)$. Es existiert ein $h \in L^1(\mathbb{R}^n)$, so daß für gewisse Umgebungen $U \subset V$ des Ursprungs

$$h^\wedge(v) = \begin{cases} -(v_1 + \ldots + v_n)^2, & v \in U \\ 0, & v \in \mathbb{R}^n \setminus V. \end{cases}$$

Mithin ist $h_t^\wedge$ in U homogen vom Grade $\beta = 2$. Man überlegt sich wie im Beweis des vorhergehenden Korollars, daß h lokal θ teilt. Mit Satz 3.11 folgt dann aus (i) die Abschätzung (ii) für $0 < \alpha < 2$.

Die Umkehrung ergibt sich für $\mu = w - \delta$ und $\nu = \theta$. Hier wählt man $h_1 \in L^1(\mathbb{R}^n)$, so daß für gewisse Umgebungen $U \subset V$ des Ursprungs

$$h_1^\wedge(v) = \begin{cases} -(v_1^2 + \ldots + v_n^2), & v \in U \\ 0, & v \in \mathbb{R}^n \setminus V. \end{cases}$$

Wieder ist $h_{1,t}^\wedge$ in U homogen vom Grade $\beta = 2$ und h_1 teilt $w - \delta$ lokal, so daß Satz 3.11 die Behauptung liefert.

Bemerkung 4.6. Satz 3.11 gestattet keine Charakterisierung für den Saturationsfall $\alpha = 2$ des Weierstrass-Integrals; für weitere Aussagen in diesem Fall, insbesondere auch über weitere Typen von Differenzen, sei auf [2], [10] verwiesen.

Neben dieser einführenden Anwendung läßt sich natürlich eine Reihe von weiteren Beispielen betrachten, etwa zu B, L^1 verschiedene Algebren, andere Operatoren, auf Gruppen definierte Funktionenklassen usw. Die ausführliche Behandlung solcher Fragen ist in einer späteren Arbeit vorgesehen.

Literaturverzeichnis

[1] G.K. Bragard, R.J. Nessel, On the comparison of approximation processes in Banach algebras, Konferenz "Lineare Operatoren und Approximation II", Herausgeber P.L. Butzer und B.Sz.-Nagy, ISNM 25, Basel, Birkhäuser (1974).

[2] P.L. Butzer, E. Görlich, Characterizations of Favard classes for functions of several variables, Bull. Amer. Math. Soc. 74 (1968), 149-152.

[3] P.L. Butzer, R.J. Nessel, Fourier Analysis and Approximation, Basel / New York, Birkhäuser / Academic Press 1971.

[4] P.L. Butzer, R.J. Nessel, W. Trebels, On summation processes of Fourier expansions in Banach spaces, I: Comparison theorems, Tôhoku Math. J. 24 (1972), 127-140.

[5] P.L. Butzer, R.J. Nessel, W. Trebels, Multipliers with respect to spectral measures in Banach spaces and approximation, I: Radial multipliers in connection with Riesz-bounded spectral measures, J. Approximation Theory 8 (1973), 335-356.

[6] P.L. Butzer, W. Trebels, Opérateurs de Gauß-Weierstrass et de Cauchy-Poissons et conditions lipschitziennes dans $L^1(E_n)$, C.R. Acad. Sci. Paris 268 (1969), 700-703.

[7] Ph.C. Curtis jr., A Figá-Talamanca, Factorization theorems for Banach-algebras, Function Algebras, Scott, Foresman and Co. 1966.

[8] I.M. Gelfand, D.A. Raikow, G.E. Schilow, Kommutative normierte Algebren, Berlin, Deutscher Verlag der Wissenschaften 1960.

[9] J.E. Gilbert, On a strong form of spectral synthesis, Arkiv för Mat. 7 (1969), 571-575.

[10] E. Görlich, Distributional methods in saturation theory, J. Approximation Theory 1 (1968), 111-136.

[11] E. Hewitt, K.A. Ross, Abstract Harmonic Analysis I, II, Berlin, Springer 1963, 1972.

[12] Y. Katznelson, An Introduction to Harmonic Analysis, New York, Wiley 1968.

[13] L.H. Loomis, An Introduction to Abstract Harmonic Analysis, New York, van Nostrand 1953.

[14] W. Rudin, Functional Analysis, New York, Mc Graw Hill 1973.

[15] H.S. Shapiro, A Tauberian theorem related to approximation theory, Acta Math. 120 (1968), 279-292.

[16] H.S. Shapiro, Topics in Approximation Theory, Lecture Notes 187, Berlin, Springer 1971.

[17] Yu.A. Šreider, The structure of maximal ideals in rings of measures with convolution, Mat. Sb. (N.S.) 27 (69) (1950), 297-318 (= Amer. Math. Soc. Transl. 81 (1953), 365-391).

[18] I. Wik, A strong form of spectral synthesis, Arkiv för Mat. 6 (1965), 55-64.

M. Becker
R. J. Nessel

Iteration von Operatoren und Saturation in lokal konvexen Räumen

Inhalt

Einleitung

In den letzten Jahren haben eine Reihe von Mathematikern einen Satz von Trotter [21] aus dem Jahre 1958 in den Mittelpunkt ihrer Untersuchungen gestellt. Stellvertretend seien hier zunächst die Arbeiten von Kurtz [11] , [12] und Seidman [18] genannt, die sich mit der Abschwächung der Voraussetzungen und der Übertragung auf lokal konvexe Räume beschäftigt haben. Durch den Satz wird einem Approximationsprozess $(S_n)_{n=1}^{\infty}$ unter bestimmten Voraussetzungen eine Halbgruppe $\{T(t)|t\geq 0\}$ derart zugeordnet, daß die Potenzen $S_n^{k(n)}$ bei geeigneter Wahl von $k(n)$ für $n\to\infty$ gegen $T(t)$ konvergieren. Zu den Voraussetzungen des Satzes gehört unter anderem, daß die Operatoren $(S_n)_1^{\infty}$ einer Voronovskaja-Bedingung bzgl. eines abgeschlossenen Operators B genügen, etwa $\text{s-}\lim_{n\to\infty} n(S_n-I) = B$ mit Identitätsoperator I. Dies ist bei vielen bekannten Beispielen der Fall, wobei dann B der infinitesimale Erzeuger der Halbgruppe $\{T(t)|t\geq 0\}$ ist.

Die Bedeutung des Satzes liegt vor allem darin, daß die Operatoren $(S_n)_1^{\infty}$ nicht zu kommutieren brauchen, während die Halbgruppenoperatoren per Definitionem kommutativ sind. Die enge Verkettung der $(S_n)_1^{\infty}$ mit der Halbgruppe, die durch die Voronovskaja-Bedingung hergestellt ist, erlaubt uns, von Eigenschaften der Halbgruppe, für die eine gut ausgearbeitete, einheitliche Theorie zur Verfügung steht (siehe z.B. [4]), auf die der $(S_n)_1^{\infty}$ zu schließen.

So zeigt sich, daß die Saturationsklasse der Operatoren $(S_n)_1^\infty$ mit der der zugeordneten Halbgruppen übereinstimmt, die wir nach einer früheren Arbeit [1] als die relative Vervollständigung des Definitionsbereiches von B charakterisieren können. Wir erhalten damit eine geschlossene Theorie, die die Iterationsmethode formalisiert und verdeutlicht.

Diese Iterationsmethode selbst wurde in der letzten Zeit von verschiedenen Autoren wie etwa Kelisky - Rivlin [9], Karlin - Ziegler [8], Micchelli [14], [15], Schnabl [16], [17] unter Ausnutzung spezieller Eigenschaften der jeweiligen, konkreten Operatoren angewendet. Die Autoren sind dabei so vorgegangen, daß sie für eine spezielle Funktionenklasse den Grenzwert der Potenzen von S_n ausgerechnet haben und nachwiesen, daß es sich bei dem Ergebnis um eine Halbgruppe handelt, über deren infinitesimalen Erzeuger die Saturationsklasse der $(S_n)_1^\infty$ bestimmt wurde. Sie machten von der oft bekannten Voronovskaja-Bedingung keinen Gebrauch.

Unser Vorgehen hat dagegen den Vorteil, daß viele der oben genannten Schritte Teil der Theorie sind. Bei der Ausrechnung der Beispiele verbleibt im wesentlichen die Verifikation einer Bedingung an B sowie das explizite Identifizieren der relativen Vervollständigung des Definitionsbereiches von B. Natürlich wird die Theorie es ermöglichen, eine Vielzahl neuer Beispiele untersuchen zu können. Wir beschränken uns hier darauf, die wohlbekannten Beispiele der Bernsteinpolynome auf $[0,1]$ und der Szasz-Mirakyan-Operatoren auf $[0,\infty)$ als Anwendung der Theorie darzustellen. Wie das zweite Beispiel zeigt, wird die Verwendung lokal konvexer Räume aus den Anwendungen heraus motiviert.

Die Autoren danken dem Landesamt für Forschung des Landes Nordrhein-Westfalen, das die Arbeit des erstgenannten Verfassers unter dem Aktenzeichen IV A5 - 03 - 26/5232 fördert, für seine Unterstützung. Die vorliegende Arbeit stellt einen

Beitrag zu diesem Forschungsvorhaben dar, das am Lehrstuhl A für Mathematik der RWTH Aachen unter der Leitung von Prof. Dr. P.L. Butzer bearbeitet wird. An dieser Stelle möchten wir Herrn Prof. Butzer für eine kritische Durchsicht des Manuskriptes, sowie ihm und Frau Dr. U. Schmidt-Westphal für viele wertvolle Hinweise während des Entstehens dieser Arbeit recht herzlich danken. Ferner möchten wir Prof. H.F. Trotter, Princeton, unseren Dank für wertvolle Diskussionen aussprechen, die wir anläßlich der Oberwolfach Tagung im April 1974 mit ihm führen konnten.

1. Bezeichnungen und Vorbereitungen

Im folgenden bezeichne $(X,\{p\})$ einen lokal konvexen Raum (LKR), dessen Topologie durch die Schar $\{p\}$ von Halbnormen erzeugt wird. Für $p \in \{p\}$, $\varepsilon > 0$ setzen wir $S_p(\varepsilon) := \{f \in X \mid p(f) < \varepsilon\}$. Für einen zweiten LKR $(Y,\{q\})$ bedeute $Y \subset X$ die stetige Einbettung von Y in X. Weiter sei dann $S_q(\varepsilon)$ für $q \in \{q\}$ eine Kugel in Y. $\overline{A}^X$ sei die Abschließung der Menge A in der X-Topologie. Zur Konvergenz werden Moore-Smith-Folgen bzw. Netze $\{f_\alpha, \alpha \in D, \geq\}$ oder $\{f_\alpha, \alpha \in D\}$ benutzt, wobei D eine durch "$\geq$" gerichtete Menge ist. Es gilt $f \in \overline{A}^X$ genau dann, wenn ein Netz $\{f_\alpha, \alpha \in D\}$ in A existiert mit $f_\alpha \xrightarrow{X} f$. Eine ausführliche Darstellung findet man z. B. bei Kelley [10]. Wir schreiben $f_\alpha - f = O(\phi(\alpha))(\lim \alpha)$, falls $p(f_\alpha - f) = O(\phi(\alpha))(\lim \alpha)$ für alle $p \in \{p\}$.

Für unser zweites Beispiel benötigen wir einige Fakten über induktive Limites. $X = \bigcup_{n \in \mathbb{N}} X_n$ sei strikter induktiver Limes von Banachräumen X_n mit $X_n \subset X_{n+1}$. Dann gilt:

1) A ist eine beschränkte Menge in X genau dann, wenn A ganz in einem X_m liegt und dort beschränkt ist.

2) Ein Netz $\{f_\alpha, \alpha \in D\}$ konvergiert in X genau dann, wenn ein $m \in \mathbb{N}$ und ein $\alpha_0 \in D$ existieren, so daß $\{f_\alpha, \alpha \in D \text{ und } \alpha \geq \alpha_0\}$ ganz in X_m liegt und dort konvergiert. Da X_m ein Banach-

raum ist, folgt, daß $\{f_\alpha, \alpha \in D$ und $\alpha \geq \alpha_0\}$ eine konvergente Teilfolge enthält mit demselben Grenzwert.

Hierzu vergleiche man z.B. Horvåth [7, 157 ff]. Teil 2) ist eine direkte Verallgemeinerung des entsprechenden Sachverhaltes für Folgen.

Eine Schar $\{T(t) \mid t \geq 0\}$ von linearen stetigen Operatoren von X in sich heißt lokal gleichmäßig beschränkte <u>Halbgruppe</u> der Klasse (C_0), falls*)

1) $\forall\, t,s \geq 0$: $\quad T(t+s) = T(t)T(s)$, $T(0) = I$,

2) $\forall\, f \in X$: $\quad \lim_{t \to 0+} T(t)f = f$,

3) zu $p \in \{p\}$ und $b>0$ existieren $p' \in \{p\}$ und $C>0$, so daß

$$\forall\, f \in X,\ t \in [0,b]: \quad p(T(t)f) \leq Cp'(f).$$

$T(t)f$ ist eine stetige, vektorwertige Funktion für jedes $f \in X$ und ist integrierbar auf jedem kompakten Intervall in $[0,\infty)$. Insbesondere gilt

$$(1.1) \qquad \forall\, f \in X: \quad \lim_{t \to 0+} \frac{1}{t} \int_0^t T(u)f\,du = f.$$

Wir setzen für $t>0$: $A_t := t^{-1}[T(t)-I]$. Als <u>infinitesimalen Erzeuger</u> der Halbgruppe $\{T(t) \mid t \geq 0\}$ definieren wir:

$$D(A) := \{f \in X \mid \lim_{t \to 0+} A_t f \text{ existiert}\}$$

$$\forall\, f \in D(A): \quad Af := \lim_{t \to 0+} A_t f.$$

A ist ein abgeschlossener Operator mit D(A) dicht in X. Die Halbnormen $\{q\}$ mit

$$q(f) := p(f) + p(Af) \qquad (f \in D(A),\ p \in \{p\})$$

---

*) "$\forall$" bedeutet "für alle".

definieren die Graphentopologie auf D(A), und es gilt dann $D(A) \subset X$. Weiterhin ergibt sich

$$(1.2) \qquad \forall f \in D(A): \quad T(t)f - f = \int_0^t T(u)Af du.$$

Für eine Einführung in die Halbgruppentheorie siehe Butzer - Berens [4].

2. Die relative Vervollständigung und der Saturationssatz für Halbgruppen

Die ursprünglich von E. Gagliardo im Jahre 1961 gegebene Definition der relativen Vervollständigung eines Banachunterraumes Y eines LKR X bzgl. X wurde in [1] verallgemeinert auf den Fall, daß Y ebenfalls ein LKR ist.

Definition 2.1. Es seien $(X,\{p\})$, $(Y,\{q\})$ zwei LKR, X sei vollständig, und es gelte $Y \subset X$. $\mathcal{R}$ bezeichne die Menge aller Funktionen $R: \{q\} \to \mathbb{R}^+ := (0,\infty)$. Die relative Vervollständigung von Y bzgl. X wird definiert als

$$\tilde{Y}^X := \bigcup_{R \in \mathcal{R}} \overline{S(R)}^X, \qquad S(R) := \bigcap_{q \in \{q\}} S_q(R(q)).$$

Setzen wir

$$\tilde{q}(f) := \inf\{R(q) \mid R \in \mathcal{R},\ f \in \overline{S(R)}^X\} \qquad (q \in \{q\}),$$

so ist $(\tilde{Y}^X, \{\tilde{q}\})$ ein LKR mit $Y \subset \tilde{Y}^X \subset X$. Wir erhalten $f \in \tilde{Y}^X$ genau dann, wenn ein in Y beschänktes Netz existiert, das in X gegen f konvergiert. Wie schon im Abschnitt 1 angedeutet, können wir, falls X ein Banachraum oder induktiver Limes von Banachräumen ist, statt des Netzes eine Folge mit denselben Eigenschaften benutzen. Weiter gilt:

$$\tilde{q}(f) = \inf \sup_{\alpha \in D} q(f_\alpha),$$

wobei $\{f_\alpha, \alpha \in D\}$ irgendein in Y beschränktes Netz ist, das in X gegen f konvergiert. Die wichtigste Eigenschaft von $\tilde{Y}^X$ ist, daß $\tilde{Y}^X = Y$ mit gleichen Topologien gilt, falls Y halbreflexiv ist.

Mit Hilfe dieser Definition gelingt eine vollständige Charakterisierung der Saturationsklasse einer Halbgruppe, wie dies für Banachräume schon von Berens [2] gezeigt wurde.

Satz 2.2. Es sei A der infinitesimale Erzeuger einer lokal gleichmäßig beschränkten (C_o)-Halbgruppe $\{T(t)|\,t\geq 0\}$ mit Definitionsbereich D(A) im vollständigen LKR $(X,\{p\})$. Dann gilt

1) $T(t)f - f = o(t) \quad (t \to 0+) \Longleftrightarrow f \in D(A),\ Af = 0$

(d.h., f ist ein unter $\{T(t)|\,t\geq 0\}$ invariantes Element von X).

2) Für $f \in X$ sind äquivalent:

(2.3) $\qquad T(t)f - f = O(t) \qquad (t \to 0+).$

(2.4) $\qquad f \in \widetilde{D(A)}^X.$

Wir bringen hier kurz den Beweis dieses Satzes, der in [1] ausführlicher dargestellt ist, um später eine Übertragung des Schrittes (2.4)$\Rightarrow$(2.3) zu motivieren.

Beweis. 1). Die Voraussetzung $T(t)f - f = o(t)$ bedeutet

$$\forall\, p \in \{p\}: \quad \lim_{t\to 0+} p(A_t f) = \lim_{t \to 0+} p\left(\frac{T(t)f - f}{t}\right) = 0,$$

also $f \in D(A)$ mit $Af = 0$. Die Invarianz von f unter T(t) folgt dann sofort aus (1.2).

2). Es sei $p \in \{p\}$ fest gewählt. Wegen der lokalen Gleichbeschränktheit von $\{T(t)|\,t\geq 0\}$ und (1.2) existieren dann $p' \in \{p\}$

und C>0, so daß

(2.5) $\forall f \in D(A), t \in (0,1]: \quad p(A_t f) \leq Cp'(Af)$.

Wir zeigen zunächst (2.4)⇒(2.3): Dazu sei $f \in D(A)$, $t \in (0,1]$. Zu $q' \in \{q\}$,

$$q'(g) = p'(g) + p'(Ag) \qquad (g \in D(A)),$$

existiert dann ein Netz $\{f_\alpha, \alpha \in D\}$ in $S_{q'}(\tilde{q}'(f)+1)$, das gegen f konvergiert, wobei

$\forall \alpha \in D: \quad p(A_t f_\alpha) \leq Cp'(Af_\alpha) \leq Cq'(f_\alpha) \leq C(\tilde{q}'(f)+1)$

gilt. Durch Grenzübergang in α erhält man

$$p(A_t f) \leq C(\tilde{q}'(f)+1),$$

so daß (2.3) folgt.

Zum Beweis von (2.3)⇒(2.4) wählen wir $f \in X$ mit $T(t)f-f=0(t)$ ($t \to 0+$). Dann ist mit $f_t := t^{-1}\int_0^t T(u)f du$ ($t > 0$) das Netz $\{f_t, t \in (0,1], \leq\}$, das nach (1.1) gegen f konvergiert, beschränkt in $D(A)$; denn es gilt $f_t \in D(A)$ mit $Af_t = A_t f$ und deshalb

$$q(f_t) = p(f_t) + p(Af_t) \leq Cp'(f) + p(A_t f) < \infty.$$

Also $f \in \widetilde{D(A)}^X$. //

3. <u>Der Satz von Trotter und ein Saturationssatz für nicht kommutative Approximationsprozesse</u>

Wir geben den Satz von Trotter hier nicht in seiner allgemeinsten Form an, sondern verwenden seine diskrete Form, die den Erfordernissen dieser Arbeit am besten angepaßt ist.

Satz 3.1. (Trotter) Es sei $(S_n)_1^\infty$ eine gleichmäßig stetige Folge von linearen stetigen Operatoren des vollständigen LKR $(X,\{p\})$ in sich, deren Potenzen gleichmäßig beschränkt sind. B sei ein abgeschlossener Operator mit den folgenden Eigenschaften:

(3.2) $D(B)$ ist dicht in X.

(3.3) Für ein $\lambda>0$ ist der Wertebereich von $\lambda I-B$ dicht in X.

(3.4) Für eine Nullfolge $(h_n)_1^\infty$ von positiven Zahlen gilt mit $B_n := h_n^{-1}(S_n-I)$:

$$\operatorname*{s-lim}_{n\to\infty} B_n = B.$$

Dann erzeugt B eine gleichmäßig stetige Halbgruppe $\{T(t) \mid t\geq 0\}$ derart, daß gilt:

(3.5) $$\lim_{n\to\infty} h_n\cdot k(n) = t \Longrightarrow \operatorname*{s-lim}_{n\to\infty} S_n^{k(n)} = T(t).$$

Die Bedingung (3.4) heißt Voronovskaja-Bedingung. Aus dieser folgt für $k(n)$ mit $\lim_{n\to\infty} h_n\cdot k(n) = t$:

$$\operatorname*{s-lim}_{n\to\infty} \frac{k(n)}{t}(S_n-I) = B.$$

Den Beweis des Satzes findet man bei Kurtz [12] oder bei Seidman [18] (Für weitere Hinweise siehe Trotter [22]).

Dieser Satz ordnet also unter geeigneten Voraussetzungen einer Folge $(S_n)_1^\infty$ von Operatoren eine Halbgruppe $\{T(t) \mid t\geq 0\}$ zu, zu der eine enge Verknüpfung vorliegt. Bisher aber wurde dieser Satz nicht selbst benutzt, um das Verhalten der $(S_n)_1^\infty$ zu untersuchen, sondern nur als Leitfaden genommen, um mit jeweils für das Einzelbeispiel spezifischen Beweismethoden eine explizite Darstellung der zugeordneten Halbgruppe zu zeigen und (3.5) dabei immer neu zu beweisen. Mit Hilfe von Satz 2.2 und dessen Beweismethoden ergibt sich jedoch ein allgemeiner Äquivalenzsatz, der es uns ermöglicht, die angesprochenen Beispiele als unmittelbare Anwendungen zu sehen.

Satz 3.6. X, $(S_n)_1^\infty$, $\{T(t) \mid t \geq 0\}$ und B seien wie in Satz 3.1. Dann sind für $f \in X$ folgende Aussagen äquivalent:

(3.7) $$S_n f - f = O(h_n) \qquad (n \to \infty).$$

(3.8) $$T(t)f - f = O(t) \qquad (t \to 0+).$$

(3.9) $$f \in \widetilde{D(B)}^X.$$

(3.10) $f \in D(B)$, falls X halbreflexiv ist.

Beweis. (3.7)$\Rightarrow$(3.8): Für ein f, das Bedingung (3.7) genügt, gilt:

$$S_n^k f - f = \sum_{j=1}^{k} (S_n^j f - S_n^{j-1} f)$$

$$= \sum_{j=1}^{k} S_n^{j-1}(S_n f - f) = O(k \cdot h_n),$$

da die Potenzen der S_n gleichmäßig beschränkt sind. Nach Satz 3.1 folgt dann

$$T(t)f - f = \lim_{n\to\infty}(S_n^{k(n)} f - f) = \lim_{n\to\infty} O(k(n) \cdot h_n) = O(t).$$

(3.8)$\Rightarrow$(3.9): Folgt nach Satz 2.2.

(3.9)$\Rightarrow$(3.7): Es sei $p \in \{p\}$ fest gewählt. Da $D(B)$ in der Graphentopologie vollständig ist, existieren nach dem "uniform boundedness principle" $p' \in \{p\}$ und $C>0$, so daß

(3.11) $$\forall\, g \in D(B),\ n \in \mathbb{N}: \quad p(B_n g) \leq C[p'(g)+p'(Bg)] =: Cq'(g).$$

Es seien $f \in \widetilde{D(B)}^X$, $n \in \mathbb{N}$. Dann existiert ein Netz $\{f_\alpha, \alpha \in D\}$ in $S_{q'}(\tilde{q}'(f)+1)$, das gegen f konvergiert und

$$\forall\ \alpha \in D: \quad p(B_n f_\alpha) \leq Cq'(f_\alpha) \leq C(\tilde{q}'(f)+1).$$

Durch Grenzübergang in α erhält man

$$p(B_n f) \leq C(\tilde{q}'(f)+1),$$

so daß (3.7) folgt.

(3.9)$\Longleftrightarrow$(3.10): Dies gilt als Eigenschaft der relativen Vervollständigung. //

Der Beweisschritt (3.9)$\Longrightarrow$(3.7) kopiert den Schritt (2.4)$\Longrightarrow$(2.3) aus Satz 2.2, wobei die Bedingung (2.5) durch (3.11) ersetzt wurde. Bei der Anwendung des Satzes muß man, da die Voronovskaja-Bedingung (3.4) meist bekannt ist, im wesentlichen (3.3) für B verifizieren und $\widetilde{D(B)}^X$ ausrechnen.

Es sei hier bemerkt, daß die von Felbecker [6] in seiner Bemerkung (2.3.13) gewünschte Umkehrung zu seinem Satz (2.3.10) in Satz 3.6 enthalten ist. Satz (2.3.10) in [6] entspricht dabei hier dem Schritt (3.7)$\Longrightarrow$(3.8) für den Fall von Banachräumen X. Desweiteren ist auch ein direkter Beweis des Schrittes (3.8)$\Longrightarrow$(3.7) (sogar in einem erweiterten Sinne) möglich, wie sich in Diskussionen mit Prof. H.F. Trotter auf der Oberwolfacher Tagung im April 1974 ergab.

3. Beispiele

3.1 Die Bernsteinpolynome auf [0,1]

Die Bernsteinpolynome für $f \in C[0,1]$

$$B_n f(x) = \sum_{k=0}^{n} f(\tfrac{k}{n}) \binom{n}{k} x^k (1-x)^{n-k}$$

sind unser erstes Beispiel. Über die Bernsteinpolynome existiert eine umfangreiche Literatur. Die Saturationsklasse der Bernsteinpolynome wurde zunächst von K. de Leeuw und in verfeinerter Form von G.G. Lorentz angegeben. In unserem Zusammenhang interessiert zunächst die Arbeit von Kelisky-Rivlin [9], die mit elementaren algebraischen Methoden das Verhalten der Iterierten $B_n^{k(n)}$ für $n\to\infty$ untersucht haben. Hieran anknüpfend haben Micchelli [14],[15] bzw. Schnabl [16],[17] gezeigt, daß die Iterierten $B_n^{k(n)}$ für $n\to\infty$ gegen eine Halbgruppe konvergieren, deren Eigenschaften sie zur Bestimmung der Saturationsklasse benutzten. Karlin-Ziegler [8] schließlich haben die Ergebnisse von Micchelli ausgebaut und unter wahrscheinlichkeitstheoretischen Gesichtspunkten dargestellt. Wir wollen jetzt nachweisen, daß die Bernsteinpolynome den Voraussetzungen von Satz 3.1 genügen und ihre Saturationsklasse als Anwendung unserer Theorie berechnen.

Es ist bekannt, daß die Bernsteinpolynome bzgl. der Topologie der gleichmäßigen Konvergenz auf (dem Banachraum) $C[0,1]$ einen Approximationsprozess von Kontraktionsoperatoren bilden. Weiter gilt (siehe Lorentz [13]) mit

$$D(B) = \{f \in C[0,1] \mid \phi f'' \in C[0,1]\}, \text{ wobei } \phi(x) := x(1-x)/2,$$

$$\lim_{n\to\infty} n(B_n f - f) = \phi \cdot f'' =: Bf$$

gleichmäßig auf $[0,1]$. Dies ist die Voronovskaja-Bedingung mit $h_n = 1/n$. Es bleibt noch (3.3) zu verifizieren. Dies leistet

<u>Lemma</u> 4.1. <u>Jedes Polynom gehört zum Wertebereich von</u> $\lambda I - B$, <u>falls</u> $\lambda>0$ <u>ist; d.h. für jedes</u> $n \in \mathbb{N}$ <u>existiert</u> $y \in D(B)$, <u>so daß</u>

$$\lambda y(x) - \frac{x(1-x)}{2} y''(x) = x^n \qquad (x \in [0,1]).$$

Beweis. Wir verschaffen uns durch einen Potenzreihenansatz eine partikuläre Lösung der obigen Differentialgleichung, die zu D(B) gehört. Für den Ansatz $y(x)=\sum_{k=0}^{\infty} a_k x^k$ gilt:

$$\sum_{k=0}^{\infty} x^k [\lambda a_k + \frac{k(k-1)}{2} a_k - \frac{(k+1)k}{2} a_{k+1}] = x^n.$$

Also $\quad a_o = \delta_n^o/\lambda \quad (\delta_n^k = \text{Kroneckersymbol}), \ a_1 = 1,$

$$a_{k+1} = [1 + \frac{2(\lambda-k)}{k(k+1)}]\, a_k - \delta_n^k \qquad (k \in \mathbb{N}).$$

Der Konvergenzradius dieser Reihe ist 1. Damit y auf ganz [0,1] stetig ist, müssen wir noch die Konvergenz in x=1 zeigen. Für genügend großes m>n und k>m gilt:

$$\begin{aligned} |a_{k+1}| &= |a_m| \cdot \prod_{j=m}^{k} [1 + \frac{2(\lambda-j)}{j(j+1)}] \\ &= |a_m| \cdot \prod_{j=m}^{k} \frac{j(j-1) + 2\lambda}{j(j+1)} \\ &= \frac{|a_m|\,(m-1)m}{k(k+1)} \prod_{j=m}^{k} [1 + \frac{2\lambda}{j(j-1)}] < \frac{K_m}{k(k+1)}, \end{aligned}$$

da das letzte Produkt konvergiert. Also ist $\sum_{k=0}^{\infty} a_k$ absolut konvergent; insgesamt ist y eine auf [0,1) beliebig oft differenzierbare Funktion. Weiterhin folgt vermöge der Differentialgleichung $\phi y'' \in C[0,1]$, so daß y zu D(B) gehört.//

Hiermit ist nachgewiesen, daß die Bernsteinpolynome den Voraussetzungen der Sätze 3.1, 3.6 genügen. Wir können also formulieren:

Satz 4.2. <u>Für die Bernsteinpolynome sind äquivalent:</u>

(4.3) $\qquad B_n f - f = O(\frac{1}{n}) \qquad (n\to\infty).$

(4.4) $\qquad f \in \widetilde{D(B)}^{C[0,1]}$

(4.5) $\qquad f \in C[0,1]$ <u>und</u> $\forall\, x,h$ <u>mit</u> $x+h,\ x-h \in [0,1]$:

$$\frac{x(1-x)}{2}|f(x+h) - 2f(x) + f(x-h)| \leq Mh^2.$$

Dieser Satz enthält in (4.5) eine wohlbekannte explizite Charakterisierung der Saturationsklasse der Bernsteinpolynome.

Beweis. (4.3)$\Leftrightarrow$(4.4): Dies gilt nach Satz 3.6.

(4.4)$\Rightarrow$(4.5): Es sei $f \in \widetilde{D(B)}^{C[0,1]}$, d.h. es existiert eine Folge $(f_n)_1^\infty$, die gleichmäßig auf $[0,1]$ gegen f konvergiert mit $x(1-x)|f_n''(x)| \leq M$ gleichmäßig in n und x. Also gilt (vgl. Berens-Lorentz [3]), falls $x+h$, $x-h \in [0,1]$ (o.B.d.A. $h>0$ aus Symmetriegründen):

$$\begin{aligned}
&\phi(x)|f_n(x+h) - 2f_n(x) + f_n(x-h)| \\
&\quad = \frac{x(1-x)}{2} \left| \int_0^h (h-u)[f_n''(x+u) + f_n''(x-u)]du \right| \\
&\quad \leq M\cdot\frac{x(1-x)}{2} \int_0^h \left[\frac{h-u}{(x+u)(1-(x+u))} + \frac{h-u}{(x-u)(1-(x-u))}\right] du \\
&\quad \leq M\cdot h^2,
\end{aligned}$$

denn wegen $0<h<\min\{x,1-x\}$ gilt für $x \in (0,1)$:

$$\frac{h-u}{x-u} < \frac{h}{x} \qquad \text{und} \qquad \frac{h-u}{1-x-u} < \frac{h}{1-x}.$$

Durch Grenzübergang $n\to\infty$ erhält man die gewünschte Aussage für f.

(4.5)$\Rightarrow$(4.4): f genüge (4.5). Für

$$f_h(x) := \frac{1}{h^2}\int_{-h/2}^{h/2}\int_{-h/2}^{h/2} f(x+s+t)\, ds\, dt \qquad (t>0)$$

gilt dann wegen der Stetigkeit von f: $f_h \to f$ gleichmäßig auf $[0,1]$ und weiter:

$$|\phi(x)f_h''(x)| = \frac{x(1-x)}{2h^2}|f(x+h) - 2f(x) + f(x-h)| \leq M$$

gleichmäßig in x und h, d.h., die f_h sind beschränkt in $D(B)$. Also $f \in \widetilde{D(B)}^{C[0,1]}$. //

4.2 Die Szasz-Mirakyan-Operatoren auf $[0,\infty)$

Unser zweites Beispiel sind die Szasz-Mirakyan-Operatoren

$$P_n f(x) = e^{-nx} \sum_{k=0}^{\infty} \frac{(nx)^k}{k!} f(\tfrac{k}{n}) \qquad (x \in [0,\infty))$$

auf $C = \bigcup_{k \in \mathbb{N}} C_k$ als induktivem Limes, wobei

$$C_k = \{f \in C[0,\infty) \mid f(x) = o(1+x^k) \ (x \to \infty)\},$$

$$\|f\|_k = \max_{x \in [0,\infty)} \frac{|f(x)|}{1+x^k}.$$

Szasz [16] hat u.a. bewiesen, daß (für $f \in C$) $P_n f \to f$ gleichmäßig auf jedem Kompaktum in $[0,\infty)$. (Unter den osteuropäischen Mathematikern werden diese Operatoren mit dem Namen G. Mirakyans verbunden, der sie in einer Arbeit aus dem Jahre 1941 untersucht hat). Die in C_k ausgedrückte Wachstumsbeschränkung ist notwendig für die Existenz von $P_n f$. Wir zeigen, daß die Voraussetzungen des Satzes 3.1 erfüllt sind.

Lemma 4.7. Mit einer Konstanten M_k gilt für $k \in \mathbb{N}$: (vgl. [14], p.72)

$$\|P_n f\|_k \leq (1 + \frac{M_k}{n}) \|f\|_k \qquad (f \in C_k).$$

Beweis. Für $x \in [0,\infty)$ gilt:

$$\begin{aligned} |P_n f(x)| &\leq \|f\|_k \, e^{-nx} \sum_{j=0}^{\infty} \frac{(nx)^j}{j!} [1 + (\tfrac{j}{n})^k] \\ &= \|f\|_k \, (1 + \frac{1}{n^k} e^{-nx} \sum_{j=0}^{\infty} \frac{(nx)^j}{j!} j^k) \\ &= \|f\|_k \, (1 + \frac{1}{n^k} Q_k(nx)), \end{aligned}$$

wobei $Q_k(\lambda) = \lambda^k + (1/2)k(k-1)\lambda^{k-1} + \ldots$ ein Polynom k-ten Grades in λ ist (vgl. C.A. Micchelli [14], p. 71). Also gilt

$$\frac{|P_n f(x)|}{1+x^k} < \|f\|_k \left(1 + \frac{k(k-1)}{2n} \frac{x^{k-1}}{1+x^k} + \ldots\right)$$

$$< \left(1 + \frac{M_k}{n}\right) \|f\|_k$$

gleichmäßig in $x \in [0,\infty)$ für ein geeignetes M_k. //

Das Lemma besagt, daß die P_n auf jedem C_k gleichmäßig stetig sind, und also auch auf C. Die Voronovskaja-Bedingung zeigt (vgl. Karlin-Ziegler [8])

Lemma 4.8. Mit $D(B) = \{f \in C \mid \psi f'' \in C\}$, $\psi(x) = x/2$, und $B_n := n(P_n - I)$ gilt:

$$\lim_{n\to\infty} B_n f = \psi f'' =: Bf \qquad \text{in } C.$$

Beweis: Szasz [16] hat bewiesen, daß für jeden Punkt x, wo $f \in C[0,\infty)$ zweimal differenzierbar ist, gilt:

$$n[P_n f(x) - f(x)] \to \frac{x}{2} f''(x), \qquad n\to\infty.$$

Der Beweis liefert sogar sofort, daß dieser Grenzwert gleichmäßig auf jedem Kompaktum gilt, falls f'' stetig auf $[0,\infty)$ ist. Andererseits existiert für $f \in D(B)$ ein $k \in \mathbb{N}$, so daß

$$n[P_n f(x) - f(x)] - \frac{x}{2} f''(x) = o(1 + x^k) \qquad (x\to\infty)$$

gilt; denn aus der Taylorformel erhält man die Darstellung

$$n[P_n f(x) - f(x)] - \frac{x}{2} f''(x) = \frac{e^{-nx}}{n} \sum_{j=0}^{\infty} \frac{(nx)^j}{j!} (j-nx)^2 \cdot$$

$$\cdot \int_0^1 (1-t)[f''(x+(j/n-x)t) - f''(x)]\,dt,$$

woraus wegen $\psi f'' \in C$ die behauptete Wachstumsbeschränkung durch elementare Abschätzungen folgt.//

Es verbleibt noch der Nachweis der beiden Dichtigkeitsbedingungen. Der Vollständigkeit halber beweisen wir

Lemma 4.9. Die Menge A der Funktionen $e^{-\beta x}$ ($\beta>0$, $x\in[0,\infty)$) spannt in C eine dichte Teilmenge auf.

Beweis. Wir zeigen für alle $k\in\mathbb{N}$: $\overline{A}^{C_k} = C_k$. Dann folgt $\overline{A}^C = C$ aus Eigenschaften des induktiven Limes. Nach dem Satz von Stone-Weierstrass kann man f mit $f(x)\to 0$ für $x\to\infty$ auf $[0,\infty)$ gleichmäßig durch Linearkombinationen von $e^{-\beta x}$ approximieren (vgl. Stone [19]). Also gibt es für $\varepsilon>0$ und $f\in C_k$ ein $n\in\mathbb{N}$ und Konstanten $(\alpha_i)_1^n$, $(\beta_i)_1^n$, so daß

$$\left|\frac{f(x)}{1+x^k} - \sum_{i=1}^{n} \alpha_i e^{-\beta_i x}\right| < \frac{\varepsilon}{2} \qquad (x\in[0,\infty)).$$

Weiter gibt es $n_i\in\mathbb{N}$ und Konstanten $(\alpha_{ij})_1^{n_i}$, $(\beta_{ij})_1^{n_i}$ derart, daß

$$\left|\alpha_i(1+x^k)\, e^{-\beta_i x} - \sum_{j=1}^{n_i} \alpha_{ij} e^{-\beta_{ij} x}\right| < \frac{\varepsilon}{2n} \qquad (x\in[0,\infty),\ 1\leq i\leq n).$$

Insgesamt ergibt sich also für $x\in[0,\infty)$:

$$\frac{\left|f(x) - \sum_{i=1}^{n}\sum_{j=1}^{n_i} \alpha_{ij} e^{-\beta_{ij} x}\right|}{1 + x^k} < \varepsilon. \quad //$$

Da die Funktionen $e^{-\beta x}$ zu D(B) gehören, folgt (3.2).

Lemma 4.10. Für jedes $\beta>0$ existiert eine Funktion $F_\beta\in D(B)$, so daß

$$(I-B)\, F_\beta(x) = F_\beta(x) - \frac{x}{2} F_\beta''(x) = e^{-\beta x} \qquad (x\in[0,\infty)).$$

Beweis. Für $\beta>0$ sei $F_\beta(x) := \int_0^\infty \exp(-y-2\beta x/(2+\beta y))dy$. Wegen der gleichmäßigen Konvergenz in x gilt:

$$F_\beta''(x) = \int_0^\infty \frac{\partial^2}{\partial x^2} \exp(-y - \frac{2\beta x}{2+\beta y})\, dy$$
$$= \int_0^\infty \frac{4\beta^2}{(2+\beta y)^2} \exp(-y - \frac{2\beta x}{2+\beta y})\, dy.$$

Also folgt

$$F_\beta(x) - \frac{x}{2} F_\beta''(x) = \int_0^\infty [1 - \frac{2x\beta^2}{(2+\beta y)^2}] \exp(-y - \frac{2\beta x}{2+\beta y})\, dy$$
$$= \int_0^\infty -\frac{\partial}{\partial y} \exp(-y - \frac{2\beta x}{2+\beta y})\, dy = e^{-\beta x}.$$

Da F_β und F_β'' stetig sind mit Grenzwert 0 für $x\to\infty$, gilt $F_\beta \in D(B)$. //

Hiermit haben wir gezeigt, daß die Szasz-Mirakyan-Operatoren den Voraussetzungen der Sätze 3.1, 3.6 genügen. Es gilt also

Satz 4.11. Für die Szasz-Mirakyan-Operatoren sind in C äquivalent:

(4.12) $\qquad P_n f - f = O(\frac{1}{n}) \qquad (n\to\infty).$

(4.13) $\qquad f \in \widetilde{D(B)}^C.$

(4.14) Es existiert ein $k \in \mathbb{N}$, so daß $f \in C_k$ und $\forall\, x,h$ mit $x+h,\ x-h > 0$

$$\|\psi(x)[f(x+h) - 2f(x) + f(x-h)]\|_k = O(h^2).$$

Beweis. (4.12) $\Leftrightarrow$ (4.13): Dies gilt nach Satz 3.6.

(4.13) $\Rightarrow$ (4.14): Es sei $f \in \widetilde{D(B)}^C$, d.h. es existiert ein in D(B) beschränktes Netz, das in C gegen f konvergiert. Da C ein induktiver Limes ist, gilt äquivalent, daß es ein $k \in \mathbb{N}$ und eine Teilfolge $(f_n)_1^\infty$ des Netzes gibt, so daß $\{f_n \mid n \in \mathbb{N}\}$ und $\{\psi \cdot f_n'' \mid n \in \mathbb{N}\}$ in C_k beschränkt sind, und $(f_n)_1^\infty$ dort gegen f konvergiert. Also gilt, falls $x+h$, $x-h > 0$ (also o.B.d.A. $0<h<1$):

$$\frac{\psi(x)}{1+x^k} \mid f_n(x+h) - 2f_n(x) + f_n(x-h)\mid =$$

$$= \frac{x}{2} \frac{1}{1+x^k} \left| \int_0^h (h-u)[f_n''(x+u) + f_n''(x-u)]\,du \right|$$

$$< 2M \frac{x}{1+x^k} \int_0^h \{\frac{(h-u)}{x+u}[1+(x+u)^k] + \frac{h-u}{x-u}[1+(x-u)^k]\}\,du$$

$$< 2M\,h^2 \left[\frac{1+(x+h)^k}{1+x^k} + 1\right] < 2M\,h^2 \left[\frac{1+(x+1)^k}{1+x^k} + 1\right] ;$$

denn wegen $x-h>0$ gilt wieder $(h-u)/(x-u)<h/x$. Wegen

$$g_k(x) := \frac{1 + (x+1)^k}{1+x^k} < 2^k+1 \qquad (x\in[0,\infty))$$

ist g_k auf $[0,\infty)$ gleichmäßig beschränkt, so daß (4.14) durch Grenzübergang $n\to\infty$ folgt.

<u>(4.14) $\Rightarrow$ (4.13):</u> f genüge (4.14), insbesondere sei $f\in C_k$. Für

$$f_h(x) := \frac{1}{h^2} \int_{-h/2}^{h/2} \int_{-h/2}^{h/2} f(x+s+t)\,ds\,dt \qquad (h>0)$$

gilt dann $f_h \to f$ in C_k; denn zu $\varepsilon>0$ gibt es ein $M>0$, so daß für $x>M$ gilt:

$$\frac{|f(x)|}{1+x^k} < \frac{\varepsilon}{2^k+2} .$$

Also erhält man für $x>M$ und $h<1$:

$$\frac{|f_h(x) - f(x)|}{1+x^k} < \frac{|f_h(x)|}{1+x^k} + \frac{\varepsilon}{2^k+2} < \frac{\varepsilon}{2^k+2}(g_k(x)+1) < \varepsilon .$$

Auf $[0,M]$ aber ist f gleichmäßig stetig, und also gibt es ein $\delta>0$, so daß

$$\forall\, h<\delta,\ x\in[0,M] : \quad \frac{|f_h(x) - f(x)|}{1+x^k} < \frac{\varepsilon}{1+x^k} < \varepsilon.$$

Somit gilt für $h<\delta$: $\|f_h - f\|_k < \varepsilon$. Weiter gilt $\forall\, h>0$: $\|f_h\|_k \leq \|f\|_k$ und

$$\|\psi f_h''\|_k = \frac{1}{h^2} \|\psi(x)[f(x+h) - 2f(x) + f(x-h)]\|_k \leq M$$

d.h. $\{f_h | h>0\}$ ist beschränkt in D(B). Somit folgt $f \in \widetilde{D(B)}^C$.//

Literaturverzeichnis

[1] M. BECKER: Linear approximation processes in locally convex spaces. I. Semigroups of operators and saturation, Aequationes Math. (1975/76) (im Druck).

[2] H. BERENS: Interpolationsmethoden zur Behandlung von Approximationsprozessen in Banachräumen, Lecture Notes in Mathematics 64, Springer 1968.

[3] H. BERENS - G.G. LORENTZ: Inverse theorems for Bernstein polynomials, Indiana Univ. Math. J. 21 (1972), 693-708.

[4] P.L. BUTZER - H. BERENS: Semi-Groups of Operators and Approximation, Grundl. Math. Wiss. Bd. 145, Springer 1967.

[5] P.L. BUTZER - R.J. NESSEL: Fourier-Analysis and Approximation I, Birkhäuser and Academic Press 1971.

[6] G. FELBECKER: Approximation und Interpolation auf Räumen Radonscher Wahrscheinlichkeitsmaße, Dissertation Bochum 1972.

[7] J. HORVÁTH: Topological Vector Spaces and Distributions I , Addison-Wesley 1966.

[8] S. KARLIN - Z. ZIEGLER: Iteration of positive approximation operators, J. Approximation Theory 3 (1970), 310-339.

[9] R.P. KELISKY - T.J. RIVLIN: Iterates of Bernstein polynomials, Pacific J. Math. 21 (1967), 511-520.

[10] J.L. KELLEY: General Topology, van Nostrand 1955.

[11] T.G. KURTZ: Extensions of Trotter's operator semigroup approximation theorems, J. Functional Analysis 3 (1969), 354-375.

[12] T.G. KURTZ: A general theorem on the convergence of operator semigroups, Trans. Amer. Math. Soc. 148 (1970), 23-32.

[13] G.G. LORENTZ: Bernstein Polynomials, Univ. of Toronto Press 1953.

[14] C.A. MICCHELLI: Saturation classes and iterates of operators, Dissertation Stanford 1969.

[15] C.A. MICCHELLI: The saturation class and iterates of the Bernstein polynomials, J. Approximation Theory 8 (1973), 1-18.

[16] R. SCHNABL: Zum Saturationsproblem der verallgemeinerten Bernsteinoperatoren, in: Abstract Spaces and Approximation, ed. P.L. Butzer - B. Sz.-Nagy, Proc. Oberwolfach, ISNM 10, Birkhäuser (1969), 281-289.

[17] R. SCHNABL: Zum globalen Saturationsproblem der Folge der Bernsteinoperatoren, Acta Sci. Math. (Szeged) 31 (1970), 351-358.

[18] T.I. SEIDMAN: Approximation of operator semigroups, J. Functional Analysis 5 (1970), 160-166.

[19] M.H. STONE: A generalized Weierstrass approximation theorem, in: Studies in Modern Analysis, ed. R.C. Buck, Prentice-Hall (1962), 30-87.

[20] O. SZASZ: Generalization of S. Bernstein's polynomials to the infinite interval, J. Res. Nat. Bur. Standards Sect. B. 45 (1950), 239-245.

[21] H.F. TROTTER: Approximation of semigroups of operators, Pacific. J. Math. 8 (1958), 887-919.

[22] H.F. TROTTER: Approximation and perturbation of semigroups, in: Linear Operators and Approximation II, ed. P.L. Butzer - B. Sz.-Nagy, Proc. Oberwolfach, ISNM 25, Birkhäuser (1974), 3-21

Forschungsberichte des Landes Nordrhein-Westfalen

Herausgegeben im Auftrage des Ministerpräsidenten Heinz Kühn
vom Minister für Wissenschaft und Forschung Johannes Rau

Sachgruppenverzeichnis

Acetylen · Schweißtechnik
Acetylene · Welding gracitice
Acétylène · Technique du soudage
Acetileno · Técnica de la soldadura
Ацетилен и техника сварки

Arbeitswissenschaft
Labor science
Science du travail
Trabajo científico
Вопросы трудового процесса

Bau · Steine · Erden
Constructure · Construction material · Soilresearch
Construction · Matériaux de construction · Recherche souterraine
La construcción · Materiales de construcción · Reconocimiento del suelo
Строительство и строительные материалы

Bergbau
Mining
Exploitation des mines
Minería
Горное дело

Biologie
Biology
Biologie
Biologia
Биология

Chemie
Chemistry
Chimie
Quimica
Химия

Druck · Farbe · Papier · Photographie
Printing · Color · Paper · Photography
Imprimerie · Couleur · Papier · Photographie
Artes gráficas · Color · Papel · Fotografía
Типография · Краски · Бумага · Фотография

Eisenverarbeitende Industrie
Metal working industry
Industrie du fer
Industria del hierro
Металлообработывающая промышленность

Elektrotechnik · Optik
Electrotechnology · Optics
Electrotechnique · Optique
Electrotécnica · Optica
Электротехника и оптика

Energiewirtschaft
Power economy
Energie
Energía
Энергетическое хозяйство

Fahrzeugbau · Gasmotoren
Vehicle construction · Engines
Construction de véhicules · Moteurs
Construcción de vehículos · Motores
Производство транспортных средств

Fertigung
Fabrication
Fabrication
Fabricación
Производство

Funktechnik · Astronomie
Radio engineering · Astronomy
Radiotechnique · Astronomie
Radiotécnica · Astronomía
Радиотехника и астрономия

MIX
Papier aus verantwortungsvollen Quellen
Paper from responsible sources
FSC® C105338

If you have any concerns about our products,
you can contact us on
ProductSafety@springernature.com

In case Publisher is established outside the EU,
the EU authorized representative is:
Springer Nature Customer Service Center GmbH
Europaplatz 3, 69115 Heidelberg, Germany

Printed by Libri Plureos GmbH
in Hamburg, Germany